과학으로 입증한

전통 한식 장류의 안전성

세계인류(유네스코) 문화유산
『한국의 장 담그기』

우리 조상의 지혜가 담긴 **전통 한식 장류**,
이제 과학의 눈으로 그 안전성을 입증한다.

머리말

우리 전통 한식 장류는 메주에 식염을 가하여 발효/숙성시켜 제조한다. 메주는 삶은 콩을 성형하여 우리나라 자연환경에서 초겨울에 흙벽의 초가집 처마 밑에 볏짚으로 매달아 발효시켜 만들어 왔다. 우리 조상들은 지금까지 이러한 방식으로 제조한 발효 장류(간장, 된장, 고추장 등)를 반찬으로 밥과 함께 먹고 살아왔다.

전통 한식 장류는 음식의 맛을 좌우하는 식재료(조미료)로서, 우리 음식문화에 깊이 뿌리내린 전통 발효식품이다.

그러나 장류 산업의 구조적 영세성, 사회 인구 구조 변화, 식생활 변화, 저염 트렌드에 따른 장류 섭취량의 감소 등 장류 산업이 내외부적으로 직면하고 있는 다양한 문제들이 장류 산업의 현재와 발전적 미래 구상을 어렵게 하고 있다고 한국농촌경제연구원(2022년)은 말하고 있다. **거기에 더한 것은 장류의 안전성 문제이다. 이러한 장류의 안전성 문제는 고질적으로 따라다니면서 장류 산업 발전의 걸림돌이 되고 있다.**

우리나라 전통 한식 장류는 수천 년을 이어 오면서 꽤 과학적이었다. 발효와 숙성을 통하여 식품의 원재료에 맛과 기능성을 부여해 왔다. 그러나 주거환경(초가집, 흙집 등), 기후변화 등 제조환경이 변하면서 메주의 자연발효, 된장 등 장류의 발효/숙성 중 미생물의 생육환경이 바뀌고 미생물군이 바뀌었다. 이에 따라 메주 및 장류의 맛과 품질은 달라졌다. 그러나, 전통 장류 제조방식은 그대로다. 그렇다 보니 장류 중 발효 미생물의 변화로 장류의 품질과 안전성이 위협받고 있다.

우리나라의 '**장 담그기 문화**(Knowledge, beliefs and practices related to jang-making in the Republic of Korea)'는 **유네스코 인류무형유산**으로 등재되었다(2024. 12.). 장 담그기 그 문화에 대해서는 세계 인류가 인정하는 전통문화 자산이 되었다. **이제 장 담그기 문화에 걸맞게 한식 장류가 세계적인 식품으로서 완벽하게 되려면 제조 방법(만들기)이 더 과학적일 필요가 있다.**

전통 한식 장류는 지금까지 수많은 연구가 있었지만, 우수성 등에만 많은 연구가 이루어졌을 뿐 안전성에 대해서는 아직 명확하게 규명되지 않아 많은 혼란을 주고 있다.

장류에 대한 연구 현황(~2018)

- 논문: 832(된장), 635(고추장), 2,534(간장)
- 특허: 1441(된장), 1495(고추장), 2,161(간장)
- 보고서: 324(된장), 238(고추장), 640(간장)

현재까지 잘 알려져 있는 전통 한식 장류 중 위해요소(유해물질)는 곰팡이독소인 아플라톡신, 바이오제닉아민(히스타민, 티라민 등), 식중독균인 바실러스 세레우스 등이 대표적이다. 장류 산업계와 소비자들은 장류 중 유해물질이 검출될 때마다 속수무책으로 수천 년 동안 먹어 온 장류에 대하여 불안해하고 있다. 심지어 일부에서는 이러한 유해물질이 검출된 것을 두고 전통 한식 장류를 발암 식품으로 취급하고 있다.

과연 우리 전통 식품인 한식 장류가 발암 식품인가? 저자는 이 문제를 낱낱이 파헤쳐 한식 장류가 안전한 식품임을 과학적으로 입증하고자 한다.

- 된장에서 발암물질인 아플라톡신은 대부분 검출되지 않는다. 그러나 된장에서 가끔 검출되는 경우가 있는데, 그 섭취량이 1일 12g 정도로, 다른 식품 중 오염을 고려하더라도 인체 영향은 아주 미미하다. 물론 발암물질인 아플라톡신이 된장 제조과정에서 생성되지 않도록 최소화하는 방안도 제시하였다.
- 장류 중에 바이오제닉아민은 발암물질이 아니며, 히스타민이나 티라민도 1일 장류 섭취량으로 볼 때, 식중독을 일으킬 만한 양은 아니다.
- 식중독균인 바실러스 세레우스는 장류에 존재하는데, 이 균은 장류에서 다량으로 증식할 수 있는 조건이 안 된다. 또한, 장류의 숙성/저장/유통 중에 증식하지도 못한다. 따라서 장류 섭취로 식중독을 일으킬만한 바실러스 세레우스의 균수가 되지 못한다.

우리나라 전통 한식 장류의 제조는 가정에서 볏짚 하나에 의존해서 메주를 만들고 된장, 간장을 제조하여 먹는 시대는 지났다. 이제 전통 한식 장류를 과학에 근거한 제조법으로 전통을 살려야 할 때가 왔다. 우리 전통 한식 장류는 발효식품이다. 발효의 본질을 이해하고 기다리는 미학이 필요하다. 속성 발효 장류보다는 묵힘(숙성)의 미학이 안전성과 맛 그리고 기능성을 더 가져온다.

저자는 『식품 안전성 이해: 과학과 법리로 읽는 인체 위해성 기반』이라는 책에서 제시한 유해(Hazard)와 위해(Risk)의 개념을 토대로, 우리나라 전통 한식 장류 섭취로 인한 유해물질(아플라톡신, 바이오제닉아민, 바실러스 세레우스 식중독균 등)의 인체 위해성에 대하여 과학적으로 접근하여 설명함으로써 한식 장류의 그동안 불안감에서 벗어날 수 있도록 하였다.

저자는 **우리 전통 한식 장류의 안전성에 대하여, 한식 장류 중 위해요소의 '유해 특성'과 장류 섭취로 인한 인체의 '위해 특성'을 분석하여, 안전성을 과학적으로 입증하고 위해성 여부를 설명하고자 하였다.** 이 책자의 발간으로 우리 전통 한식 장류의 우수성뿐만 아니라 안전성도 확보하게 될 것이다.

마지막으로, 이 책을 출판할 수 있도록 지원해 주신 '오뚜기 함태호 재단'에 깊은 감사를 드린다. 한편, 이 책을 저술하고 출판하는 과정에서 장류 관련 산업체로부터 어떠한 지원도 받지 않았음을 밝힌다.

목차

머리말 4

Ⅰ. 우리 국민의 장류 섭취량 및 소비패턴

1. 우리 국민은 장류를 하루에 얼마나 먹고 있는가(장류의 1일 섭취량) 14
2. 우리 국민은 장류를 얼마나 자주 먹고 있는가(장류의 섭취빈도) 18
3. 우리 국민의 1일 식품 섭취량 중 장류가 차지하는 비율은 20
4. 우리 국민의 장류 소비 트렌드는 23

Ⅱ. 장류 섭취로 인한 유해물질의 인체 위해성 평가 이해

1. 한식 장류에는 유해물질이 왜 존재하는가? 26
    1) 한식 장류 중 바이오제닉아민의 생성 26
    2) 한식 장류 중 아플라톡신 등 곰팡이독소 생성 27
    3) 한시 장류의 식중독균 오염 28
2. 장류 중 유해물질의 유해와 위해의 이해 31
3. 장류 중 유해물질에 대한 위해성 평가의 이해 34
    1) 유해물질의 유해성 확인 37
    2) 유해물질의 유해크기 측정 37
    3) 유해물질의 인체 노출량 산출 40
    4) 식품 섭취를 통한 유해물질의 인체 위해크기 측정 40
4. 장류 섭취로 인한 인체 위해에 영향을 미치는 요소 43
5. 장류 중 유해물질의 안전성에 대한 위해소통의 이해 44

III. 장류 중 바이오제닉아민의 인체 안전성

1. 장류 중 바이오제닉아민의 발암성? 48

1) 발효 장류 중 바이오제닉아민은 무엇이 문제인가? 48

2) 장류 중 바이오제닉아민은 발암물질이 아니다 49

3) 장류 섭취를 통한 바이오제닉아민의 인체 발암 가능성 평가 56

2. 장류 중 히스타민의 인체 안전성 62

1) 장류 섭취로 인한 히스타민의 인체 위해성 64

2) 어류 중 히스타민의 최대기준은 어떻게 설정된 것인가 67

3) 장류의 섭취로 인한 히스타민의 식중독 발생 사례가 있나 69

4) 히스타민이 발효 장류에도 다량 검출되었는데도 식중독이 없는 이유 69

5) 식중독을 일으키는 히스타민 양은 어떻게 산출되었나 70

6) 식품의 안전성을 식품 중 유해물질의 최대기준으로 판단하는 경우도 있나 72

7) 된장에서 바이오제닉아민이 다량 검출되는데, 이 된장은 위해식품일까 73

8) 장류에서 바이오제닉아민 기준을 초과 검출되었다고 하는데 무슨 말인가 74

9) 우리나라에서도 히스타민 식중독을 일으킨 사례가 있나 76

3. 장류 중 티라민의 인체 안전성 79

1) 장류 섭취로 인한 티라민의 인체 위해성 80

2) 장류 중에 존재하는 티라민은 인체 건강에 안전하다 83

3) 티라민의 인체 최대무독성량은 어떻게 설정하나 84

4. 바이오제닉아민이 다량 검출된 된장은 인체 건강에 안전할까 87

IV. 장류 중 곰팡이독소의 인체 안전성

1. 장류 섭취로 인한 아플라톡신의 인체 위해성 92

2. 장류 중 아플라톡신의 인체 위해수준 95

1) 우리나라 장류 중 곰팡이독소인 아플라톡신의 오염은 어느 정도인가 95

2) 장류 섭취로 인한 아플라톡신의 인체에 노출량은 어느 정도인가 96

3) 장류 섭취로 인한 아플라톡신의 인체 위해수준은 어느 정도인가 97

4) 우리나라는 유럽연합에 비교하면 아플라톡신의 인체 노출수준은 어느 정도인가 98

5) 한식 장류 섭취로 인한 아플라톡신의 인체 위해 영향은 미미하다 99

6) 장류 중 간장, 고추장, 청국장은 아플라톡신을 걱정할 필요가 없다 100

3. 장류 중 오크라톡신의 인체 위해수준 102

1) 장류 섭취로 인한 오크라톡신의 인체 위해성 102
2) 우리나라 장류 중 오크라톡신의 오염은 어느 정도인가 104
3) 장류 섭취로 인한 오크라톡신 A의 인체에 노출량은 어느 정도인가 105
4) 장류 섭취로 인한 오크라톡신의 인체 위해수준은 어느 정도인가 105
5) 한식 장류 섭취로 인한 오크라톡신의 위해 영향은 매우 미미하다 106
4. 전통 발효 장류는 곰팡이 독소의 발암성으로부터 안전하다 107

Ⅴ. 맛있고 안전한 전통 한식된장 만들기

1. 장류 중 발암물질인 곰팡이독소는 메주로부터 온다 112
2. 장류 중 왜 한식된장만 아플라톡신이 다량 검출되는가 114
3. 최근 한식된장 중에 아플라톡신의 검출률과 부적합이 증가하고 있는 이유는 116
4. 지난 2020년, 한식된장 33개 제품은 왜 아플라톡신의 기준을 초과했을까 118
5. 된장 중 아플라톡신은 숙성하는 과정에서 다양한 균에 의해 분해된다 120
6. 된장의 숙성/유통 중에 곰팡이독소는 증가하지 않는다 124
7. 한식된장은 6개월 이상 숙성시켜야 된장이다 127
8. 가정식 한식된장은 아플라톡신에 취약할 우려가 있다 129
9. 아플라톡신이 생성되지 않는 한식 메주 제조 방법은 없는가 131
10. 아플라톡신으로부터 안전한 한식된장 만들기 133
11. 된장을 제외한 한식 장류는 아플라톡신을 걱정하지 않아도 된다 137

Ⅵ. 장류 중 식중독균(바실러스 세레우스)의 안전성

1. 우리나라 바실러스 세레우스 식중독 발생 현황은 140
2. 바실러스 세레우스 설사형과 구토형 식중독은 어떻게 다른가 143
3. 장류 섭취로 인한 설사형 식중독균(바실러스 세레우스)의 인체 위해성 144
1) 장류 섭취로 인한 바실러스 세레우스(설사형 식중독)의 인체 위해성 144
2) 바실러스 세레우스 설사형 식중독의 발생에 필요한 균수는 148

3) 바실러스 세레우스 설사형 식중독의 발생 메커니즘 150
4. 장류 섭취로 인한 독소형 식중독균(바실러스 세레우스)의 인체 위해성 152
1) 장류 섭취로 인한 바실러스 세레우스(독소형 식중독)의 인체 위해성 152
2) 바실러스 세레우스 구토형 식중독을 일으키는 세룰라이드의 독소량은 155
3) 바실러스 세레우스 구토형 식중독의 발생 메커니즘 157
5. 장류 중 바실러스 세레우스의 오염실태는 159
6. 된장, 고추장 등 장류의 숙성/저장/유통 중 바실러스 세레우스는 증식하는가 161
1) 장류 중 바실러스 세레우스는 숙성/유통/저장 중에 더 이상 증식되지 않는다 161
2) 장류 중 바실러스 세레우스가 숙성/유통/저장 중에 증식되지 않는 이유는 163
3) 된장 등 장류 중 바실러스 세레우스는 식중독을 일으킬 가능성이 매우 낮다 165
7. 장류 섭취로 인한 독소형 바실러스 세레우스 식중독 발생 가능성은 없다 168
1) 바실러스 세레우스 증식과 세룰라이드 생성 168
2) 장류는 세룰라이드 독소를 생성할 가능성이 낮다 170
3) 장류의 섭취로 인하여 세룰라이드의 인체 최대무독성량을 초과하지 않는다 171
8. 장류 섭취로 인한 설사형 바실러스 세레우스 식중독 발생 가능성은 없다 172
9. 바실러스 세레우스에 의한 식중독도 인체에 노출된 균양(세균 섭취량)이 중요하다 173

VII. **한식 장류의 안전성 이해**

1. 식품 중 비의도적 오염 유해물질의 안전성 이해 178
2. 한식 장류는 유해물질로부터 안전한가 181
1) 바이오제닉아민 181
2) 된장 중 곰팡이독소, 아플라톡신 185
3) 바실러스 세레우스 식중독균 186
3. 한식 장류의 안전성과 위해관리 189

참고문헌 191
부록 198

I

우리 국민의 장류 섭취량 및 소비패턴

I

우리 국민의 장류 섭취량 및 소비패턴

1. 우리 국민은 장류를 하루에 얼마나 먹고 있는가 (장류의 1일 섭취량)

우리나라 국민의 장류 섭취 실태를 보면, **간장**은 거의 매일(국민의 80%~84%) 하루 평균 8g, **된장**은 이틀에 한 번꼴(국민의 40%~45%)로 하루 평균 12g, **고추장**도 이틀에 한 번꼴(국민의 50%~57%)로 하루 평균 10.5g, **청국장**은 일부 소비층(국민의 3%~4%)만 하루 평균 30g씩을 먹고 있다.

우리나라 국민의 장류 소비실태는 2008년부터 2019년까지 11년간 국민건강영양조사 자료를 토대로 분석하였다. 우리나라 모든 국민(국민 1인당)의 평균 소비실태와 우리나라 국민의 실제로 장류를 섭취하는 소비자(실제 소비자 1인당)의 평균 소비실태를 분석한 결과는 아래와 같다.

우리나라 국민 1인당 평균 장류 소비실태

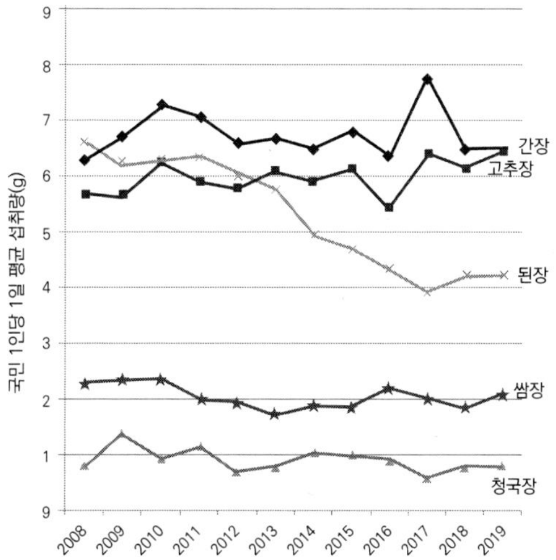

장류 섭취자의 실제 1인당 장류 소비실태

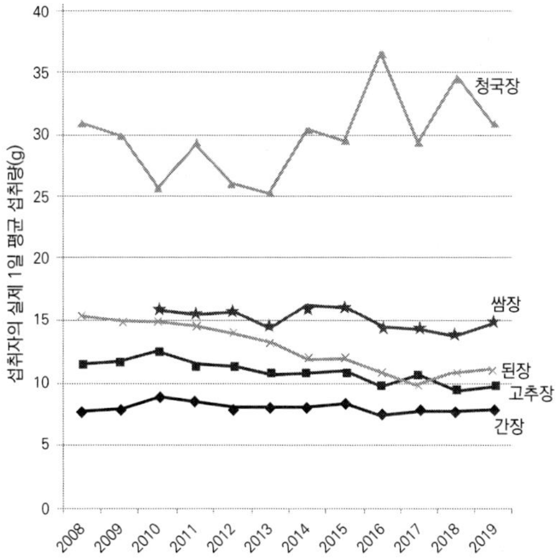

장류의 '전 국민의 1일 평균 섭취량'은 청국장(0.85g)을 제외하고 간장(6.4g), 된장(5.3g), 고추장(5.8g)은 각각 6g 내외였고, 장류 섭취자의 실제 1일 평균 섭취량은 청국장(30g)을 제외하고는 간장(8g), 된장(12g), 고추장(10.5g)은 각각 10g 내외였다.

이 둘의 차이는 우리 국민의 장류 소비실태와는 상관이 없으며, 단지 통계적 차이일 뿐이다. 즉, 장류의 섭취빈도(장류의 섭취빈도는 간장이 80%~84%, 된장이 40%~45%, 고추장이 50%~57%, 청국장이 3%~4%)의 차이로 인한 통계적 차이 때문이다. 섭취빈도가 높은 (거의 90%에 가까운) 간장은 이 두 값이 차이가 크지 않지만, 섭취빈도가 낮은 청국장의 경우 이 두 값은 차이가 크다.

장류의 실제 1일 섭취량은 백미 1일 섭취량(1일 평균 섭취량 150g~190g)의 7%도 되지 않는다.

우리나라 국민 총 장류 섭취량을 전 국민 1인당 1일 평균 섭취량으로 분석한 결과(국민 1인당 1일 평균 장류 섭취량) (전 국민 대상)

간장은 하루에 평균 6.4g,
된장은 하루에 평균 5.3g,
고추장은 하루에 평균 5.8g,
청국장은 하루에 평균 0.85g을 섭취하였다.

우리나라 국민 중 장류를 실제로 섭취한 사람의 1일 평균 섭취량을 분석한 결과 (장류 섭취자의 실제 1일 평균 섭취량) (장류 실제 섭취자 대상)

간장은 하루에 평균 8g, 그중 극단섭취자(95th)는 25.4g
된장은 하루에 평균 12g, 그중 극단섭취자(95th)는 38g
고추장은 하루에 평균 10.5g, 그중 극단섭취자(95th)는 34g
청국장은 하루에 평균 30g, 그중 극단섭취자(95th)는 86.6g을 섭취하였다.

* 극단섭취자라고 함은 비정상적으로 최대로 많이 먹는 사람의 경우를 말한다.

여기서 장류 섭취로 인한 안전성(안전하느냐/안전하지 않느냐)을 따지는 것은 장류를 섭취한 사람의 실제 1일 섭취량이 중요하다. **결론적으로 본 책에서 장류 위해성/안전성의 판단은 장류의 실제 섭취량을 중심으로 검토하였다. 그리고 일부 비정상적으로 많이 먹는 극단섭취자의 경우도 검토하였다.**

참고로, 장류의 전 국민의 1일 평균 섭취량은 주로 전 국민을 대상으로 모든 식품 섭취로 인한 특정 유해물질의 인체 노출량을 산출할 때 사용된다.

2. 우리 국민은 장류를 얼마나 자주 먹고 있는가 (장류의 섭취빈도)

장류의 1일 섭취빈도는 2008년부터 2019년까지 11년간 국민건강영양조사 자료를 토대로 분석하였다. 전체 조사자 중 장류를 실제로 섭취하는 사람을 중심으로 장류의 1일 섭취빈도를 분석한 결과는 아래와 같다.

조사자 중 장류를 실제 섭취한 사람을 중심으로 장류 섭취빈도를 조사한 결과

장류의 섭취빈도를 보면, **간장은 조사자 중 80%~84%**가 먹고 있었으며, **된장은 40%~45%**, **고추장은 50%~57%**, **청국장은 3%~4%**가 먹고 있었다. 결국, 우리 국민은 거의 매일 간장을 먹는 셈이고, 된장과 고추장은 이틀에 한 번꼴로 먹고 있었다. 청국장의 경우, 섭취빈도가 낮은 것은 양념 개념이 아니라서 개인의 선호도의 차이로 보인다.

따라서 장류는 섭취량은 적지만 섭취빈도가 높은 식품이다. 반면, 백미는 섭취량도 많고 섭취빈도도 높은 식품이다. 장류의 섭취빈도가 높고 섭취량이 적은 것은 쌀밥 문화와 함께 양념 개념의 우리나라 식문화 때문으로 보인다.

우리나라 국민의 장류의 섭취빈도

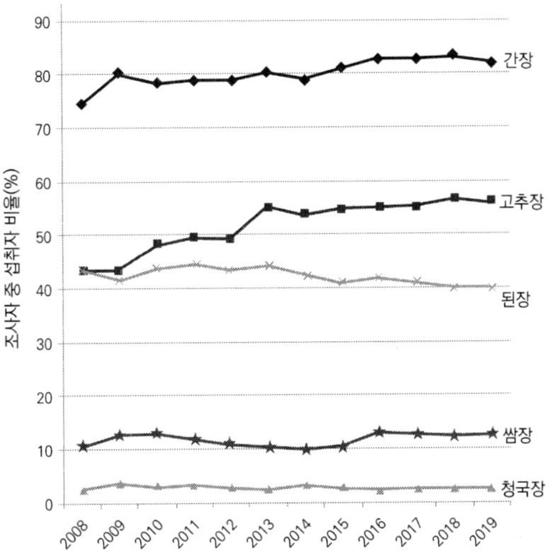

주요 식품의 섭취량과 섭취빈도(2013~2015)(3)

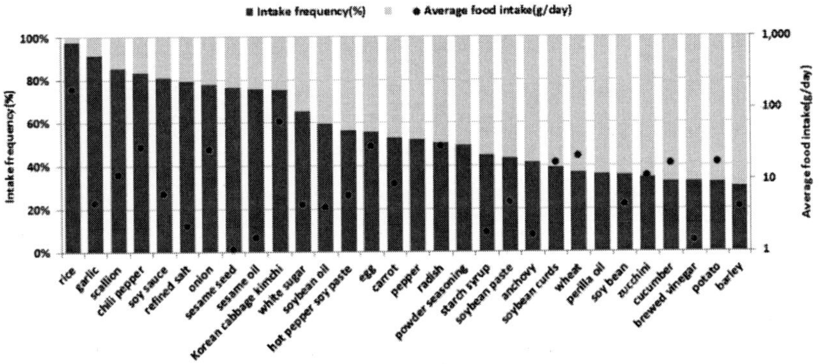

3. 우리 국민의 1일 식품 섭취량 중 장류가 차지하는 비율은

우리 국민이 먹고 있는 식품 중에 장류가 차지하는 비율은 간장 0.5%, 된장 0.75%, 고추장 0.66%이다. 결국, 장류의 실제 섭취량은 전체 식품 섭취량의 1~1.9%로 2%를 넘지 않는다.

장류의 전 국민 1일 평균 섭취량과 1일 식품 전체 섭취량을 비교해 보면 장류가 차지하는 비율은 간장 0.4%, 된장 0.33%, 고추장 0.36%이다.

그러나, 장류 섭취자의 실제 1일 평균 섭취량과 1일 식품 전체 섭취량을 비교해 보면 장류가 차지하는 비율은 **간장 0.5%, 된장 0.75%, 고추장 0.66%이다.**

우리나라 성인의 1일 식품 전체 섭취량은 1,585.7g /day(2013년~2015년)이고, 장류의 전 국민 1일 평균 섭취량(2008년~2019년)은 간장 6.4g, 된장 5.3g, 고추장 5.8g이다. 그리고, 장류 섭취자의 실제 1일 평균 섭취량(2008년~2019년)은 간장 8g, 된장 12g, 고추장 10.5g이다.

우리나라 성인의 식품 전체 섭취량 중에서 **장류의 섭취량은 전체 식품 섭취량의 1~1.9%을 차지한다**(2008년~2010년).

즉, 여기서 중요한 것은 장류의 실제 섭취량이 전체 식품 섭취량의 2%도 되지 않는다는 것이다.

우리나라 국민(성인)의 식품 섭취 패턴(2008년~2010년), 출처: 식약처(5)

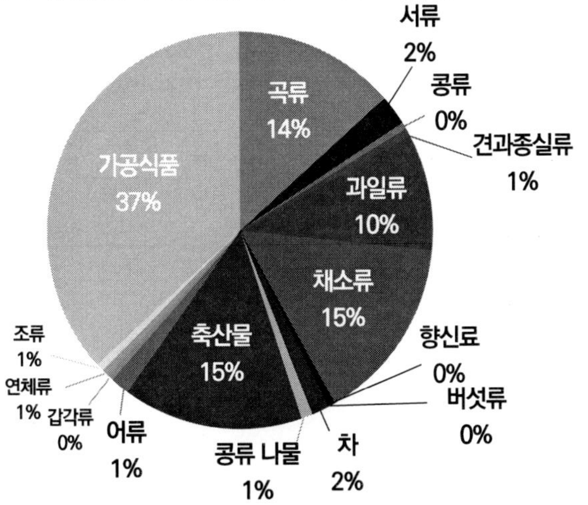

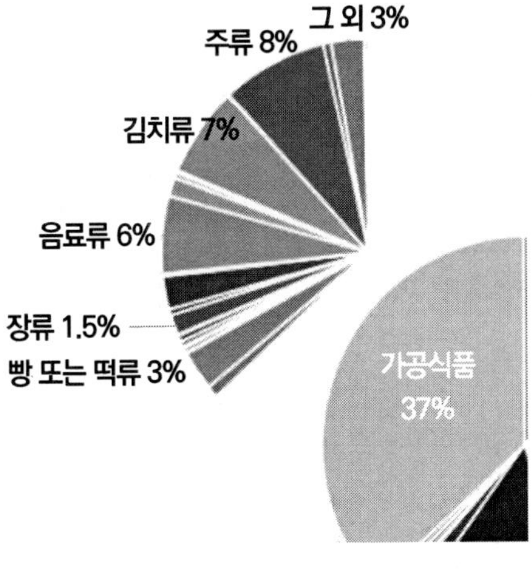

국민건강영양조사(2013년~2015년, 2013년 7,242명, 2014년 6,801명, 2015년 6,628명)를 분석한 결과에서도, 우리나라 성인의 전체 식품 섭취량 중 식품별로 차지하는 비율은 아래와 같았다. 여기서는 비율이 2% 이상인 식품만 표시하였다(3).

주요 식품의 식품별 섭취량 분포(2013~2015)(3)

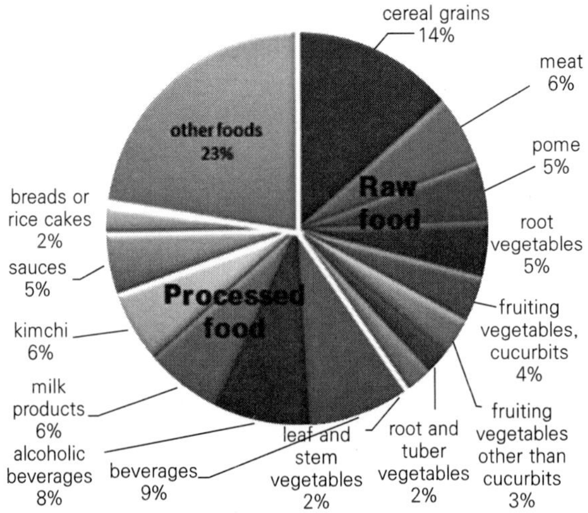

우리나라 성인 1일 총 식품 섭취량은 1,585.77g/day이고, 그중 원재료 식품은 858.96g/day(54.2%), 가공식품은 726.81g/day(45.8%)로 산출되었다. 식품군별 식품 섭취량은 곡류가 가장 높은 비율(14%)을 차지했고, 음료류(9%), 주류(8%), 유가공품(6%), 김치류(6%) 등의 순이다. 장류의 섭취량은 전체 식품 섭취량 중 2% 이상의 범위에 포함되지 않았다. **역시 전체 식품 섭취량 중 장류의 비율은 2% 이내인 것으로 나타났다.**

4. 우리 국민의 장류 소비 트렌드는

2008년부터 2019년까지 11년간 실제 장류를 섭취하는 소비자를 중심으로 발효장류의 소비변화를 분석해 보면, 장류(간장, 고추장, 쌈장)의 섭취자는 지속적으로 증가한 반면, 섭취자의 1회 섭취량은 감소하였다. 다만, 된장은 섭취자나 섭취자의 1회 섭취량 모두 감소하였다.

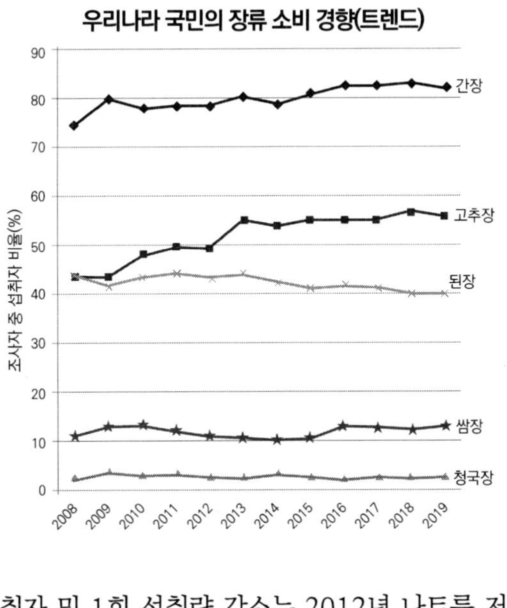

된장의 섭취자 및 1회 섭취량 감소는 2012년 나트륨 저감화 정책을 기점으로 두드러지게 나타나고 있으며, 반면 이를 기점으로 쌈장의 섭취자는 다소 증가하였다.

이번 분석에서 특이한 점은 장류의 섭취 문화가 바람직한 소비 형태(식생활)로 변하고 있다는 것이다. 첫째, 발효식품의 우수성으로

인한 장류의 소비자(섭취자)가 지속적으로 증가하고 있다는 점이다. 둘째, 건강을 생각하는 저염식의 영향으로 섭취자의 1회 섭취량은 감소하고 있다는 점이다.

결국, 우리나라 국민의 발효 장류의 소비는 1회 섭취량은 다소 감소하였지만, 섭취자가 증가하면서 전체적으로는 큰 변화 없이 꾸준한 소비가 이루어지고 있었다. 이는 전 국민의 1인당 1일 장류 평균 섭취량 자료에서도 같은 경향을 보여 주고 있었다.

II

장류 섭취로 인한 유해물질의
인체 위해성 평가 이해

Ⅱ 장류 섭취로 인한 유해물질의 인체 위해성 평가 이해

1. 한식 장류에는 유해물질이 왜 존재하는가?

한식 장류에서 자주 거론되는 주요 유해물질(위해요소)은 바이오제닉아민, 아플라톡신 등 곰팡이독소, 바실러스 세레우스 등 식중독균이다. **왜 한식 장류에는 바이오제닉아민, 아플라톡신, 바실러스 세레우스가 존재하는 걸까?** 한식 장류는 우리나라 농업에서 생산된 단백질이 풍부한 콩을 삶아 발효시킨 식품이기 때문이다. 바이오제닉아민은 콩의 발효과정에서 미생물에 의해 콩 단백질이 아미노산으로 분해되고, 아미노산이 탈탄산화 반응에 의해 생성되고, 아플라톡신은 콩의 발효과정에서 자연 상태로부터 독소를 생성하는 곰팡이의 오염으로 인하여 생성된다. 내열성이 강한 포자를 형성하는 바실러스 세레우스는 자연 토양에서 콩에 오염되어 메주 발효과정을 거치면서 존재할 수 있다.

1) 한식 장류 중 바이오제닉아민의 생성

된장, 간장, 김치 등 발효식품은 발효과정에서 '바이오제닉아민

(Biogenic amine)'이라는 유해물질을 생성하기도 한다. 바이오제닉아민이란 식품의 발효·저장 과정에서 단백질이 미생물과 만나 생성된다. 고단백 식품이 많이 가지고 있는 아미노산이 미생물 효소에 의하여, 탈탄산반응으로 형성되는 아민(amine)의 일종인 질소 유독 화합물이다.

된장·간장은 주재료가 콩인데, 단백질 함량이 40%에 이른다. 이 단백질이 발효하면서 일부 바이오제닉아민이 생성되는 것이다. 바이오제닉아민의 종류는 여러 가지다. 대표적으로 "지방족화합물"인 putrescine, cadaverine, agmatine, spermine, spermidine, "방향족화합물"인 tyramine, 2-phenylethylamine, "헤테로고리화합물"인 histamine, tryptamine 등이 있다. 티라민은 혈관수축과 혈압상승을, 히스타민은 설사·복통·두통 등을 유발한다.

2010년 식품의약품안전처에서 국내 유통 중인 발효식품 45종을 검사했더니 된장 제품의 히스타민 평균 검출량은 292mg/kg, 한식간장은 226mg/kg이었다. 티라민의 평균 검출량은 된장 363mg/kg, 양조간장 594mg/kg, 한식간장 242mg/kg이었다.

바이오제닉아민은 발효 장류 이외에도 비발효 식품인 과일, 채소, 육류, 우유, 생선 등에 소량 함유돼 있고 바나나, 감귤과 같은 과일, 치즈, 육제품, 포도주, 맥주, 부패된 어류, 육류, 치즈 등에서 많이 발견된다.

2) 한식 장류 중 아플라톡신 등 곰팡이독소 생성

발효 장류는 주 재료인 메주가 어떻게 제조되었는지에 따라 한식된장/한식간장과 양조된장/양조간장으로 구분된다. 메주는 된장과 간장을 만드는 주재료로서 대두를 세척하고 침지한 후 증자하여 발효한 것을 말한다. 한식 메주의 경우, 증자한 콩을 성형하여 볏짚에 매달아 자연환경에서 발효하기 때문에 수많은 미생물이 자연적으로 번식된다. 이때, 자연에 있는 균들이 모두 발효과정에 관여하기 때문에 독소를 생성하는 유해 미생물이 오염될 수 있다. 이렇게 오염된 유해 미생물(곰팡이)은 아플라톡신, 오크라톡신과 같은 곰팡이독소를 생성하게 된다.

한식된장의 경우 자연환경에서 다양한 미생물에 의해 발효한 메주를 사용함으로써 다양한 균이 존재하게 되어 다양한 균의 발효산물로 인하여 영양과 풍미가 풍부해지기도 하지만 아플라톡신 생성 미생물의 비의도적인 오염 가능성이 있어 해당 독소의 오염 가능성이 높다.

한식 장류는 한식 메주를 원료로 제조하기 때문에 메주에 생성된 곰팡이독소가 이행될 수밖에 없다. 특히, 한식된장의 경우 재료가 대부분 메주이기 때문에 아플라톡신 등 곰팡이독소 유해물질이 문제가 되고 있다.

그러나 양조된장/양조간장의 경우, 콩단백질을 아미노산으로 분해하지만 아플라톡신을 생성하지 않는 특정 균주만을 선별, 접종하여 발효하기 때문에 유해한 미생물이 오염되지 않아 아플라톡신 등 곰팡이독소를 생성할 수 없다.

3) 한식 장류의 식중독균 오염

장류에서 문제가 되고 있는 식중독균은 다른 균보다도 바실러스 세레우스이다. 바실러스 세레우스는 토양 등 자연환경에 널리 분포되고 있으며, 어디에서든 쉽게 발견되는 식중독균이다. 이 균의 특징은 고온에 가열해도 살아남는 포자를 형성한다는 것이다. 바실러스 세레우스는 가열하거나 동결, 건조 시 죽지 않고 저항성이 강한 포자를 생성하기 때문에 가열 또는 건조된 식품에서도 오래 살아남을 수 있다. 이 때문에 쌀, 밀가루 등 곡류가 함유된 가공식품에서 번식 조건에 따라 다량 오염/증식될 수 있다. 바실러스 세레우스가 오염된 식품은 증식 정도에 따라 섭취 시, 식중독을 일으킬 수 있다.

토양에서 생산된 농산물 원료를 사용하여 제조한 가공식품은 모두 바실러스 세레우스에 의해 오염될 가능성이 높으며, 장류 역시 농산물인 콩을 사용하기 때문에 오염을 피할 수 없다.

그러나 바실러스 세레우스는 식품 중에 독소를 생성하거나 장내에서 독소를 생성하여 식중독을 일으키기 때문에 일정량의 독소량이 존재하여야만 식중독을 일으킨다. 따라서 식품에 생성된 독소량이 소량이거나 균을 소량 섭취할 경우 식중독을 일으키지 않는다.

우리나라에서도 생식, 선식 등에서 바실러스 세레우스가 검출(2002년, 소비자단체)되어 문제가 되었는데, 그때는 정량 기준이 없이 불검출 기준이었기 때문에 문제가 되었던 것이다. 그 후 정량적 기준이 설정되어 지금은 생식, 과채 음료 등은 g당 1,000마리(CFU/g), 장류 또는 장류 원료 식품은 g당 10,000마리(CFU/g), 영유아식은 g당 100마리(CFU/g) 이하의 바실러스 세레우스 검출을 허용하고 있다.

식품별로 바실러스 세레우스의 기준이 다른 것은 식품의 섭취량 때문이기도 하다. 과채 음료나 생식은 1회 섭취량이 많은 반면, 된장, 간장, 소스 등은 1회 섭취량이 소량이어서, 각각의 기준 농도로 오염된 식품을 섭취하더라도 결국, 균이 몸속에 들어온 양은 큰 차이가 나지 않는다.

영유아식의 경우 기준이 제일 낮은 이유는 민감성 때문이기도 하지만, 하루 섭취하는 식품이 다른 식품은 별로 먹지 않고 대부분 그(영유아식) 식품에만 의존하기 때문이다. 그렇다고, 영유아식의 경우 원료가 곡류, 채소류 등이 포함되기 때문에 바실러스 세레우스의 기준을 불검출로 할 수는 없다.

2. 장류 중 유해물질의 유해와 위해의 이해

우리는 늘 자연환경, 생활환경, 식생활 등과 함께 수많은 유해물질에 노출되어 살고 있다. 단지 노출되는 양이 적어서 인체 건강에 그다지 영향을 미치지 않을 뿐이다.

자연환경에는 수많은 유해물질이 존재하는데, ①지구 표면의 토양은 중금속이 하나의 성분으로 되어 있고, ②자연환경 중 수많은 미생물이 번식으로 식중독균, 곰팡이독소 생성균이 존재하고, ③지구상 존재하는 생물은 자기를 보호하기 위해 독성(패독, 복어독, 식물독 등)을 가지고 있다. ④인류의 삶에서 공장, 생활 쓰레기 등은 다이옥신, PCB 등 유해물질이 발생하고, ⑤ 우리의 식습관은 굽기, 훈연 과정에서 벤조피렌, 발효과정에서 메탄올, 에칠카바메이트, 바이오제닉아민, 튀김 과정에서 아크릴아마이드 등이 생성된다. **우리는 이렇게 수많은 유해물질과 공존하면서 살아가고 있다. 특히나 식생활을 통한 이러한 유해물질의 인체 노출은 우리를 불안하게 하고 있다.**

아무리 강력한 독성을 가진 유해물질이라고 할지라도 인체에 들어오지 않으면 인체 위해는 없다. 식품 중 유해물질의 인체 위해 여부는 인체 유입(노출)되는 양에 따라 인체에 위해 영향을 미칠지/미치지 않을지가 결정된다.

유해물질이 검출된 식품의 안전성은 유해(有害, Hazard)와 위해(危害, Risk)를 구별해야만 이해할 수 있다. 그 이유는 인체 들어오는 유해물질의 양이 중요하기 때문이다.

유해(Hazard)는 유해물질, 그 자체이고 즉, 위해요소 중 하나이다. 그러나 위해(Risk)는 유해(유해물질, 위해요소)로 인하여 인체 건강에 좋지 않은 영향을 미치는 정도를 말한다. 유해물질이 오염/함유된 식품을 먹었을 때, 인체 건강에 얼마나 좋지 않은 영향을 미치는지를 판단하는 것이 위해이다. 식품 중에 유해물질이 오염/함유되었다고 할지라도 그 식품을 얼마나 먹었느냐에 따라 위해는 달라질 수 있다. 그래서 우리는 위해 여부를 평가해서 유해물질이 오염/함유된 식품이 안전한지 또는 안전하지 않은지를 판단한다.

'유해'와 '위해'의 상호관계 도식도

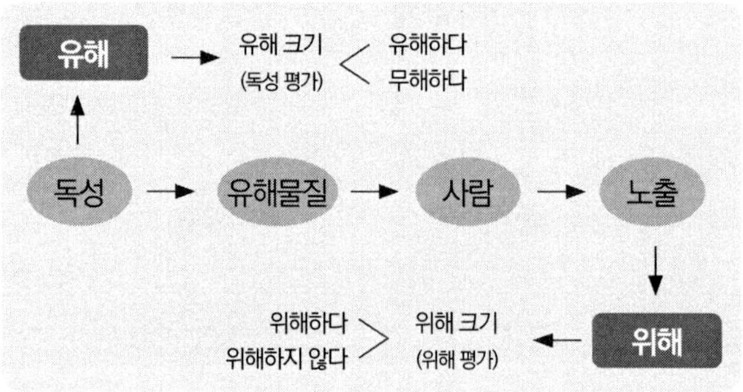

장류의 안전성에서 '유해크기'와 '위해크기' 구별

	유해(Hazard, 有害)	위해(Risk, 危害)
의미	한식 장류에 존재할 수 있는 위해요소로서 바이오제닉아민, 아플라톡신, 바실러스 세레우스 등	한식된장, 한식간장, 고추장을 먹고 위해요소로부터 인체 건강에 해(害)가 발생할 가능성
역할	유독·유해물질의 본질(그 자체) 위해요소의 본질(그 자체)	유해물질이 인체 건강에 작용 위해요소가 인체 건강에 작용
크기 측정	독성평가	위해평가
크기	**바이오제닉아민의 유해크기** - 히스타민의 인체 최대무독성량은 50mg/day **아플라톡신의 유해크기** - $BMDL_{10}$ 0.37μg/kg bw/day **바실러스 세레우스의 유해크기** - 최소 감염량 100,000CFU 이상일 경우 식중독 발생	**바이오제닉아민의 위해크기** - 바이오제닉아민이 얼마나 검출된 장류를 얼마나 섭취하였느냐에 따라 결정 **아플라톡신의 위해크기** - 아플라톡신이 얼마나 검출된 장류를 얼마나 섭취하였느냐에 따라 결정 **바실러스 세레우스의 위해크기** - 균이 얼마나 검출된 장류를 얼마나 섭취하였느냐에 따라 결정

3. 장류 중 유해물질에 대한 위해성 평가의 이해

식품 섭취로 인한 유해물질의 인체 위해성 평가 이해

식품의 안전성을 평가하기 위해서는 우선 식품 중 유해물질의 유해특성(독성과 독성크기)을 파악/평가하여야 한다. 두 번째로 식품 중 유해물질의 함량을 측정하여야 한다. 세 번째로 그 유해물질이 검출된 식품을 사람이 얼마나 먹는지를 파악하여, 인체 유입량(노출량)을 산출한다. 마지막으로 독성(유해)크기와 인체 유입량을 비교하여 위해크기를 결정하고, 위해 여부를 따져서 그 식품의 안전성을 평가한다. 즉, 식품섭취로 인하여 인체에 유입된 노출량(식품 중 유해물질 함량 × 그 식품 섭취량)과 유해(독성)크기(인체노출안전기준)를 비교하여 위해크기를 결정하고 안전성을 평가한다.

① 유해물질은 고유의 독성특성과 함께 독성(유해)크기를 가지고 있다. 이 독성(유해)크기는 동물실험을 통하여 동물에게서 독성을 보이지 않는 최대 농도(양)를 산출하고 최대무독성량(NOAEL)으로 표현한다. 이 값(NOAEL)은 동물에 적용하는 값으로 인간에게 적용하기 위해서는 이 값보다 100배 낮은 값을 택한다. 이것이 인체적용 유해크기인 인체노출안전기준이다. 이러한 인체노출안전기준은 유해물질의 인체 노출(섭취)로 인하여 인간에게 위해 영향을 주는지를 평가하는 기준이다.

② 우리는 식품 섭취를 통하여 인체에 유입된 유해물질의 양이 그 유해물질의 인체노출안전기준을 초과하는지를 확인하여 유해물질이 함유/오염된 식품의 안전 여부를 따진다.

③ 식품에 함유/오염된 유해물질이 인체에 얼마나 들어왔는지를 파악하기 위해서는 첫째, 식품 중에 유해물질이 어느 정도의 양이 함유/오염되

었는가를 실험을 통하여 양(검출량)을 측정하고, 둘째, 그 식품을 얼마나 먹었는지(섭취량)를 알아야 한다. 예를 들어, A라는 유해물질이 식품에서 kg당 1mg이 검출되었고, 이 식품을 100g 먹었다면 인체에 유입된 A라는 유해물질은 0.1mg이다.

④ A라는 유해물질이 신장독성이 있고, 그 독성(유해)크기인 최대무독성량(NOAEL)이 체중당 1일 0.1mg(0.1mg/kg bw/day)이라면 인체적용 유해크기인 인체노출안전기준은 100배 낮은 체중당 1일 0.001mg(0.001mg/kg bw/day)이다.

⑤ A라는 유해물질이 검출(1mg/kg)된 식품을 성인(60kg)이 100g 먹었다면 유해물질 인체 노출량은 0.1mg이고, 이 유해물질 인체노출안전기준은 성인(60kg) 기준으로 0.06mg/day (0.001mg/kg bw/day × 60kg)이다.

⑥ 이 식품을 먹은 성인은 A라는 유해물질의 인체 노출량(유입량)이 인체노출안전기준보다 약 1.7배(0.1mg/0.06mg) 많아서 위해 우려가 있다고 판단한다.

하지만, 이 식품의 섭취량이 50g이라면 이 식품은 A라는 유해물질의 노출량이 인체노출안전기준보다 약 0.8배 (0.05mg/0.06mg) 적어서 위해 우려는 없다고 판단한다.

식품 섭취로 인한 유해물질의 인체 위해 여부를 판단하기 위한 절차는 아래 그림과 같다.

먼저, 유해에 대한 특성을 파악해야 한다.

① 유해물질이 어떤 독성을 가지고 있는 등의 유해성을 확인한다. 그리고,

② 유해성이 확인되면 그 유해물질의 유해크기를 결정한다.

유해크기가 결정되면 그 유해물질에 대한 유해 특성 파악은 끝난다. 그다음으로 유해물질(유해)이 검출된 식품을 섭취함으로써 인체 건강에 얼마나 좋지 않은 영향을 미치는지를 판단한다.

③ 식품에 유해물질이 얼마나 함유(검출)되어 있는지를 분석하고, 유해물질이 검출된 식품을 얼마나 먹었는지를 평가(인체 노출평가)한다.

④ 식품을 통하여 인체 노출된 유해물질의 양(인체 노출량)을 그 유해물질의 유해크기(인체노출안전기준)와 비교하여 위해크기를 결정하고 인체 위해 여부를 판단한다.

위해성 평가 절차 도식도

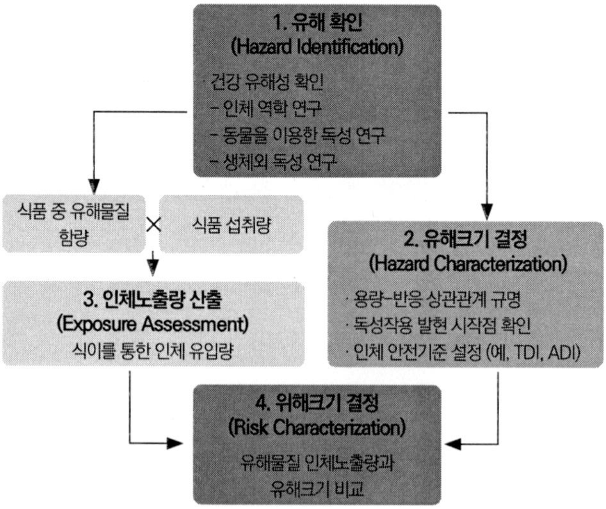

1) 유해물질의 유해성 확인

화학물질의 유해성 시험(GLP기관)에 따라 유해성이 확인되면 유해물질로 분류한다. 유해물질의 경우, 대부분 아래와 같은 시험을 거쳐 정보가 제공되고 있다. 이 정보를 토대로 유해성을 확인할 수 있다.

➡ 물리화학적 성질 시험(Physical Chemical Properties): 화학물질의 물리화학적 성질을 파악하는 시험

➡ 생태영향 시험(Effects on Biotic Systems): 화학물질이 생태계에 미치는 영향을 파악하는 시험

➡ 분해성 및 농축성 시험(Environmental Fate and Behaviour): 화학물질이 환경 중에서 분해되는 정도 및 생물체 내에 축적되는 정도를 파악하는 시험

➡ **건강영향 시험(Health Effects): 화학물질이 인체 건강에 미칠 수 있는 유해성을 동물(설치류 등)을 이용하여 파악하는 시험**

2) 유해물질의 유해크기 측정

유해물질의 유해크기는 유해물질의 독성값으로 인체 위해성을 판단하는 기준이 된다. 이 기준을 인체노출안전기준이라고 하는데 동물시험 결과를 인체에 적용하기 위해서 불확실성 계수를 반영하여 적용한다.

가) 최대무독성량(NOAEL) : 90일 반복투여 독성실험

최대무독성량(NOAEL)은 동물에 대한 90일 반복투여 독성실험을 통하여, 유해물질 용량에 따라 영향이 나타나는 것을 관찰하고 그 영향이 나타나지 않는 최대농도로 결정한다.

이때 90일 동안 관찰항목은 체중, 사료(물) 섭취량, 혈액검사, 요검사, 안과학적 검사, 병리조직검사, 기타 기능검사 등이다.

유해물질의 인체노출안전기준 설정 절차

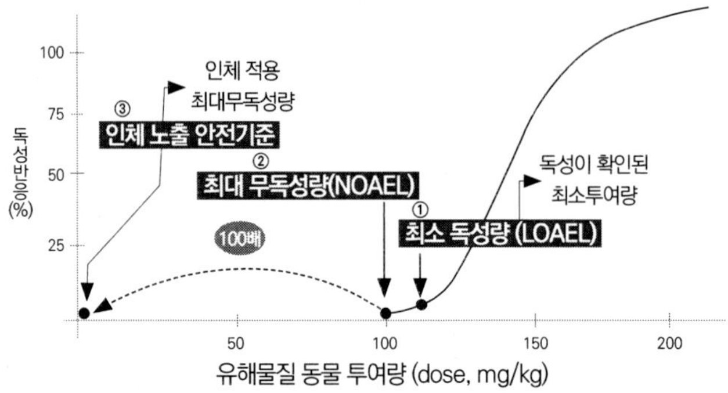

나) $BMDL_{10}$

$BMDL_{10}$은 Benchmark Dose Lower Bound(독성기준용량 하한값)로서 유전독성을 가지면서 발암독성을 가진 유해물질에 대한 유해크기인 인체노출안전기준이다. 이는 종양 발생률을 10% 증가시키는 용량의 95% 신뢰구간의 하한치를 말한다.

발암/유전독성 유해물질의 인체노출안전기준 설정 절차

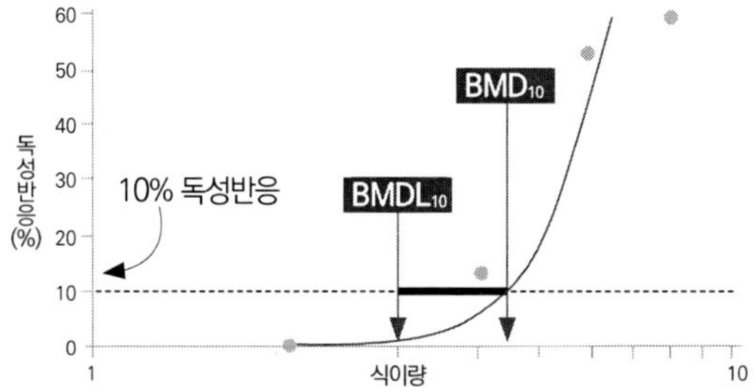

10%의 반응(암발생)을 유발하는 용량에 대한 95% 신뢰구간의 하한치

3) 유해물질의 인체 노출량 산출

식품섭취를 통한 유해물질의 인체 노출량 산출은 1일 노출량의 경우 하루에 섭취한 모든 식품의 섭취량을 조사하고, 그날 섭취한 식품 품목에 대한 유해물질 함량을 시험분석으로 측정한 다음, 그날 섭취한 **식품 품목의 섭취량과 섭취한 식품 품목의 유해물질 함량을 서로 곱하고 각각 품목을 합하여 산출한다.**

식품 섭취를 통한 유해물질 인체 노출량 측정

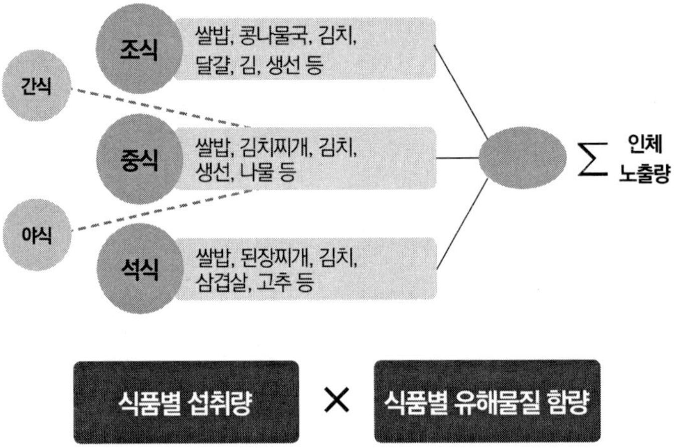

4) 식품 섭취를 통한 유해물질의 인체 위해크기 측정

유해물질의 유해크기와 식품 섭취를 통한 유해물질의 인체 노출량이 결정되면 이 둘을 유해크기를 기준으로 비교하면 인체 위해크기를 알 수 있으며, 이를 통하여 인체 위해 여부를 결정한다.

●유해크기 < 유해물질 노출량(섭취량) ⟶ **위해식품**

●유해크기 > 유해물질 노출량(섭취량) ⟶ **안전식품**

★유해크기 - 안전섭취량(인체노출안전기준)

발암성과 유전독성이 있는 유해물질의 인체 위해 여부는 유해크기와 식품 섭취를 통한 인체 노출량을 MOE로 나타내고 아래와 같이 평가한다.

MOE = $BMDL_{10}$/노출량 = 1(10,000)

→ 10,000 이하면 위해관리 대상

* (10,000): 불확실성 계수(10×10), 추가적 불확실성(10×10): $BMDL_{10}$과 인간의 셀 사이클(cell cycle control) 및 DNA 수선(DNA repair)에 있어서의 개인차에 추가로 기본 계수

그러면 위에서 설명한 대로 식품 섭취로 인한 유해물질의 인체 위해성 평가의 예시를 농약을 예로 들어 설명하고자 한다.

잔류농약의 인체 위해성 평가 예시(해석)

<table>
<tr><th></th><th>유해(Hazard, 有害)</th><th>위해(Risk, 危害)</th></tr>
<tr><td rowspan="5">위해성 평가 예시</td><td>농약</td><td>잔류농약이 검출된 식품을 먹고 나타난 현상</td></tr>
<tr><td>[유해크기]
농약(A): ADI가 0.001mg/kg/day
농약(B): ADI가 0.01mg/kg/day
농약(C): ADI가 0.1mg/kg/day

유해크기: A 〉 B 〉 C</td><td>[위해크기]
잔류농약(A)이 0.5mg/kg 검출된 식품을 100g 먹은 사람(a)의 위해크기: 0.83
잔류농약(A)이 0.5mg/kg 검출된 식품을 1kg 먹은 사람(b)의 위해크기: 8.3
잔류농약(A)이 5mg/kg 검출된 식품을 100g 먹은 사람(c)의 위해크기: 8.3

위해크기: a 〈 b = c</td></tr>
<tr><td colspan="2">잔류농약(A)가 검출된 식품을 먹었을 때 위해크기는 0.5mg/kg 검출된 식품을 100g 먹은 사람보다는 1kg 먹은 사람이 더 크다.
그리고 잔류농약(A)이 0.5mg/kg 검출된 식품을 100g 먹은 사람보다는 5mg/kg 검출된 식품을 100g 먹은 사람이 위해가 더 크다.
즉, <u>유해물질을 사람이 먹는 양에 따라 위해크기는 달라진다.</u></td></tr>
<tr><td colspan="2">잔류농약(A)이 0.5mg/kg 검출된 식품을 100g 먹은 사람보다는 잔류농약(B)이 0.5mg/kg 검출된 식품을 100g 먹은 사람이 위해가 더 작다. 왜냐하면 농약(A)보다는 농약(B)이 유해크기가 작기 때문이다.
즉, <u>유해물질의 유해크기에 따라 위해크기는 달라진다.</u></td></tr>
<tr><td colspan="2">결론적으로 예시에서 위해평가한 결과는,
a의 경우: A라는 농약의 인체 노출량은 0.05mg이고, 유해크기는 성인(60kg)의 경우 0.06mg 이어서 위해크기는 0.05/0.06 = 0.83으로 인체 노출량이 유해크기보다 작아서 인체에 안전하다고 판단한다. 그러나,
b, c의 경우: A라는 농약의 인체 노출량은 0.5mg이고, 유해크기는 성인(60kg)의 경우 0.06mg 이어서 위해크기는 0.5/0.06 = 8.3으로 인체 노출량이 유해크기보다 8배 커서 인체에 위해하다고 판단한다.</td></tr>
</table>

4. 장류 섭취로 인한 인체 위해에 영향을 미치는 요소

식품 섭취로 인한 유해물질의 인체 위해 여부에 영향을 미치는 요소는,

① 식품 중 유해물질 함유량(오염정도, 잔류량)

② 유해물질이 함유(검출)된 식품의 섭취량

③ 유해물질의 유해크기(최대무독성량, 인체노출안전기준)이다.

이 중에서 유해물질의 유해크기(최대무독성량, 인체노출안전기준)는 유해물질별로 정해져 있는 값이고, 식품 중 유해물질 함량과 그 식품의 섭취량은 변하는 값이다. 유해물질 함유량이 높고 섭취량도 많으면 당연히 인체 노출량이 많아지고 위해도가 증가한다. 하지만 유해물질 함유량이 동일한 식품의 경우, 섭취량에 따라 인체 노출량이 달라지고, 따라서 인체 위해도도 달라진다.

따라서 장류도 장류 중 유해물질의 함량이 인체 안전성에 영향을 미치겠지만, 그것보다도 장류는 섭취량이 적다는 사실을 안다면, 장류의 섭취로는 인체 위해도가 낮을 수밖에 없다는 것을 알 수 있을 것이다.

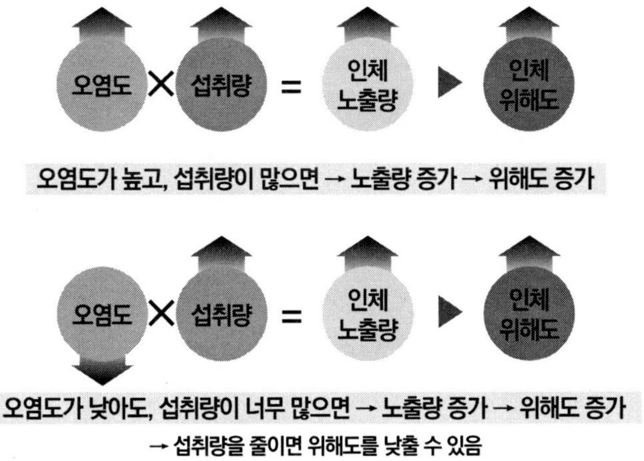

5. 장류 중 유해물질의 안전성에 대한 위해소통 (Risk communication)의 이해

유해물질의 인체 안전성(위해성)에 대하여 술 중 알코올을 예로 들어 설명해 보자.
술의 알코올은 분명 인체 건강에 해를 끼치는 물질이다.
과연 알코올의 독성값은 얼마일까?
술은 알코올의 유해크기(독성값)인 인체 최대무독성량을 초과해 마시면서, 왜 식품 중 유해물질은 인체 최대무독성량을 초과해서 먹지 않는데도 불구하고 불안해할까?

알코올(에탄올)의 유해성은 간에 지방을 축적시켜 간경화를 가져오고 간암(IARC, 1군, 음주 시에 한함)을 일으키는 독성물질이다. 이러한 에탄올의 유해크기는 OECD 자료에 의하면 급성독성의 독성크기는 반치사량(LD_{50})이 10.47g/kg bw이고, 만성독성의 독성크기인 인체적용 최대무독성량은 24mg/kg bw/day이다.

알코올의 위해성을 살펴보면, 알코올의 인체 최대무독성량은 20% 알코올 소주로 따지면 일반 성인은 하루에 소주 7.2ml(알코올 1.4ml)에 해당한다. 소주 7.2ml는 소주 한 잔(50ml 정도)의 1/12에 해당한다. 이 양까지는 인체 건강에 영향 없다는 것이다. 그러나 그 이상을 마시면 인체 건강에 해(害)를 끼친다는 것이다.

이렇듯 술은 우리가 즐겨 마시는 기호식품이지만 많이 마시면 사망할 수도 있고, 매일 지속적으로 마시면 암에 걸릴 수도 있다.

그러함에도 불구하고 얻는 이익이 크다고 보기 때문에 사람들은 술을 마시는 것이다. 건강에 좋은 술은 없으며, 단지 기호식품일 뿐이다.

그렇다면, 장류 중 곰팡이독소, 바이오제닉아민 등과 같은 유해물질은 인체노출안전기준인 인체 최대무독성량(예를 들어, 소주의 경우, 성인 하루, 7.2ml에 해당)을 초과하지 않음에도 불구하고, 소비자들이 불안해하는 이유는 뭘까? 즉, 소비자들은 술을 마시면 알코올의 인체 최대무독성량을 초과해서 마시면서도 곰팡이독소, 바이오제닉아민 등과 같은 유해물질이 소량이라도 검출된 장류의 섭취는 인체 최대무독성량을 초과하지 않는 데도 불안해하고 있다는 것이다.

이(술은 마시면 언제나 인체 최대무독성량을 초과해서 마시면서)를 두고, 혹자들은 "스스로 유해를 인지하고 선택한 위험은 위해가 아니다."라고 말한다. 이것은 소비자들의 경향이 그렇다는 것일 것이다.

그렇다면 소비자들이 장류 중 아플라톡신, 바이오제닉아민 등과 같은 유해물질에 불안해하는 이유는 '스스로 유해를 인지하고 선택한 위험이 아니기 때문일까?'

우리는 장류 중 곰팡이독소, 바이오제닉아민 등과 같은 유해물질의 안전성 정보를 소비자가 인지하도록 제공/소통하는 위해소통(Risk Communication)이 필요하다.

그런 의미에서 저자는 우리나라 전통 한식 장류 중 유해물질의 안전성에 대한 정확한 과학적 정보를 제공하고자 한다. 즉, 한식 장류 중 유해물질의 안전성에 대하여 소비자가 정확하게 인지할 수 있도록 정확한 정보를 제공하기 위함이다. 그럼으로써 소비자는 장류 중 유해물질에 대한 안전성을 정확하게 알고 섭취함으로써 건강한 식생활을 영위하게 될 것이다.

III

장류 중 바이오제닉아민의 인체 안전성

III

장류 중 바이오제닉아민의 인체 안전성

1. 장류 중 바이오제닉아민의 발암성?

1) 발효 장류 중 바이오제닉아민은 무엇이 문제인가?

바이오제닉아민은 단백질을 함유한 식품이 발효/숙성되면서 아미노산이 미생물에 의한 탈탄산화 작용으로 생성된다.

바이오제닉아민은 인체 내에서 중추신경계 등에 작용해 식중독, 알레르기 등을 유발시킬 수 있다. 바이오제닉아민 중 널리 알려진 히스타민은 식중독을 유발하며, 티라민은 혈관수축에 작용해 치명적인 고혈압 위기, 편두통을 유발하기도 한다.

특히, 바이오제닉아민은 아질산 이온과 같이 존재하면 니트로사민과 같은 발암물질로 전환될 잠재성(?)이 있다는 것이다.

문제는 콩 단백질을 발효하여 만든 된장, 간장, 청국장 등 발효 장류에 바이오제닉아민이 많다고 알려져 있다는 것이다.

식약처는 2016년 국내 제조업체가 제출한 된장과 간장, 액젓 등 장류 제품 206개를 검사한 결과 41개(19.9%) 제품에서 권고치(제품 1kg당 500mg 이하)가 넘는 바이오제닉아민이 검출됐다고 밝혔다.
'권고치 초과 검출률은 2014년 6.5%, 2015년 19.3% 등으로 꾸준히 높아지고 있다. 3년간 바이오제닉아민이 가장 많이 검출된 제품은 된장(83개) 간장(50개) 액젓(19개) 순이었다. 이 중 63개 제품에선 바이오제닉아민이 1kg당 1,000mg 이상이 검출돼 권고치의 2배가 넘었다.'

그렇다면, 과연 발효 장류를 섭취하면 이러한 식중독, 알레르기, 발암성 등의 인체 건강에 악영향이 일어날 수 있을까. 여기서 그 답을 풀어보고자 한다.

2) 장류 중 바이오제닉아민은 발암물질이 아니다

『니트로사민이 발암물질이지 바이오제닉아민은 발암물질이 아니다. 바이오제닉아민이 체내에서 니트로사민으로 전환될 가능성은 매우 낮다.』

1. 바이오제닉아민 자체는 발암물질이 아니다.
2. 바이오제닉아민은 아질산 이온이 존재할 경우, 아민과 아질산 이온이 결합하여 발암물질인 니트로사민을 만든다.
3. 그러나, 바이오제닉아민이 아질산 이온과 결합하여 니트로사민을 생성한다는 것은 이론적, 시험관 내(in vitro) 실험적일 뿐이지, 체내에서는 이러한 반응도 일어날 가능성이 희박하다는 것이다.

4. 체내에서는 바이오제닉아민이 아질산 이온과 반응할 조건이 안 된다는 것이다. 그 이유는 바이오제닉아민과 관련된 빠른 체내 대사 효소계(체내 짧은 반감기, 히스타민 102초, 티라민 30여 분)를 고려하여 볼 때, 반응이 일어날 가능성은 매우 희박하다.
5. 중요한 것은 체내 존재하는 니트로사민은 그 기원이 알려져 있지 않으며, 식품 섭취로 인한 니트로사민은 간에서 분해되어 체내에서 거의 존재하지 않는다는 사실이다(EFSA).
6. 결론적으로 발효 장류에 존재하는 바이오제닉아민은 발암물질이 아니며, 체내에서 발암물질인 니트로사민을 형성할 가능성도 매우 낮다. 따라서 **장류 중 바이오제닉아민 섭취로 발암 가능성은 없다고 보면 된다.**

가) 바이오제닉아민이 체내에서 니트로사민으로 전환될 가능성은 희박하다

바이오제닉아민(Biogenic amine, $R\text{-}NH_2$)은 아질산 이온(NO_2^-)의 니트로소화 반응에 의해 발암물질인 니트로사민을 생성할 가능성이 있다고 말하고 있다. 니트로사민은 니트로소 화합물의 일종으로 국제암연구소에서 Group 2A 또는 2B인 인체 발암 우려 물질로 분류하고 있다.

	바이오제닉아민	니트로사민
기원	생물체 내에서 자연적으로 발생	화학 반응을 통해 형성
생성	아미노산의 효소적 탈카르복실화	아질산염과 아민의 반응
역할	생리적 기능(예: 신경전달)	유익한 역할 없음, 주로 유해함
건강 영향	유익하거나 위해할 수 있음	일반적으로 발암성
주요 원인	발효식품, 부패한 생선, 숙성 치즈 등	가공육류, 담배, 염장 수산물 등

니트로사민의 발암성

물질명	CAS. NO	한국	유럽연합	위해성	
N-nitrosodimethylamine(NDMA)	62-75-9	○	○	IARC : 2A	EPA : B2
N-nitrosodiethylamine(NDEA)	55-18-5	○	○	IARC : 2A	EPA : B2
N-nitrosodibutylamine(NDBA)	924-16-3	○	○	IARC : 2B	EPA : B2
N-nitrosodipropylamine(NDPA)	621-64-7	○	○	IARC : 2B	EPA : B2
N-nitrosopiperidine(NPIP)	100-75-4	○	○	IARC : 2B	
N-nitrosomorpholine(NMOR)	59-89-2	○	○	IARC : 2B	

그러나, 바이오제닉아민은 인체의 소장, 간 등에 존재하는 Monoamine oxidase(MAO) 또는 Diamine oxidase(DAO)의 효소작용에 의해 대사되며, 이 들의 체내 대사 반감기는 짧은 반감기(히스타민 102초, 티라민 30여 분)를 가진다.

체내(혈액, 위액, 소변 및 모유)에서는 바이오제닉아민이 니트로사민으로 전환된다는 문헌/보고는 없으며, 특히 바이오제닉아민과 관련된 빠른 대사 효소계를 고려하여 볼 때, 바이오제닉아민이 니트로사민으로 전환될 가능성은 매우 낮다.

따라서, 장류 중 바이오제닉아민이 체내에서 발암을 일으킬 니트로사민으로 전환될 가능성은 매우 낮으며, **장류 중 바이오제닉아민으로 인한 인체 발암 가능성은 거의 없다고 보면 된다.**

- 니트로사민(발암성 물질) 생성을 위해서는 반응을 일으키기에 충분한 양의 바이오제닉아민 및 아질산이온 (NO_2^-: 식품첨가물 - 표백제, 발색제), 그리고 적절한 온도의 가열 등의 조건이 필요
- 바이오제닉아민은 아민 구조로 식품으로 섭취될 수 있는 아민 화합물은 그 수를 헤아릴 수 없을 정도로 많으며, 아민 구조라고 해서 모두 니트로사민을 생성하는 것은 아님
- 시험관내의 격렬한 화학조건하에서는 바이오제닉아민이 니트로사민을 생성할 수 있으나, 체내에서는 바이오제닉아민이 니트로사민으로 변화된다는 문헌/보고는 없으며, 특히 바이오제닉아민과 관련된 빠른 대사효소계를 고려하여 볼 때, 바이오제닉아민이 니트로사민으로 전환될 가능성은 매우 미미

$$2NO_2^- + 2H^+ \rightarrow N_2O_3 + H_2O \quad (1)$$

$$R_2NH + N_2O_3 \rightarrow R_2N{-}N{=}O + HNO_2 \quad (2)$$

secondary amine　　N-nitrosamine

* 출처: 식품의약품안전청, 제25회 식품안전열린포럼, 2007. 12. 12.

나) 바이오제닉아민의 독성으로 발암성이 알려진 것은 없다

현재로서는 바이오제닉아민의 독성으로 발암성에 대하여 알려진 바 없다. 다만, CODEX에서는 histamine에 대하여 벤치마크용량 하한값(benchmark dose lower confidence limit, $BMDL_{10}$)으로 36.92mg/kg bw/day를 제안하고 있으나, 이 또한 정확하지 않다. CODEX에서는 제안한 histamine의 벤치마크용량 하한값($BMDL_{10}$)은 히스타민이 니트로사민으로 전환되어 나타난 현상인지도 불명확하다. 이는 히스타민의 인체 알러지 독성(최대무독성량, 성인 50mg)에 기인할지도 모른다.

히스타민은 어류에 의한 식중독을 조사하여, 어류 중 히스타민이 200mg/kg 이상이 검출된 생선을 섭취한 경우, 94% scombrotoxic symptoms가 발생한다고 알려져 있다. 이는 알러지 독성으로 발암성과는 무관하다.

일부 연구에서는 불명확한 히스타민의 벤치마크용량 하한값($BMDL_{10}$)를 적용하여 바이오제닉아민의 발암 위해성을 추정하고 있을 뿐이다. 이는 가정일 뿐이고, 정확하다고 볼 수 없다.

다) 장류 중에 니트로사민은 거의 존재하지 않는다

니트로사민의 형성은 시험관 실험(in vitro)에서 충분한 양의 바이오제닉아민 및 아질산이온(질산염, 아질산염), 그리고 적절한 pH 등의 조건에서 생성될 수 있다. 그러나, 장류의 경우, 2021년 식약처 연구보고서(유해물질 저감화 기반연구II)에 의하면 간장, 된장, 고추장, 청국장 중 니트로사민은 거의 검출되지 않았다고 하였다. 이것은 장류 중 바이오제닉아민이 니트로사민으로 전환되지 않았다는 것이다.

예를 들어 식품에 발색제 등으로 사용이 허가된 아질산나트륨의 경우, 소비지 등 식육가공품에 사용되는데 이 또한 식육의 단백질로부터 생긴 아민과 반응하면 니트로사민이 생성될 가능성이 있다. 하지만 우리는 아질산나트륨이 첨가된 햄, 소시지 등의 제품을 먹고 있다. 즉, 아질산나트륨은 발암물질이 아니다. 바이오제닉아민도 발암물질이 아니다. 아질산나트륨이든 바이오제닉아민이든 니트로사민으로 전환되지 않으면 발암성은 없다.

라) 식품 섭취로 인한 니트로사민은 대부분 간에서 분해된다

니트로사민(N-NAs)은 아질산염(nitrites) 또는 질소 산화물(nitrogen oxides)과 같은 니트로화제(nitrosating agents)와 2차 아민(secondary amines)과 같은 아민 기반 물질이 반응하여 생성되는 형성물이다. 이러한 반응물이 존재하는 가공 조건에서 다양한 식품에서 생성될 수 있다. 니트로사민은 절인 육류, 가공된 생선, 맥주 및 기타 알코올/비알코올 음료, 치즈, 간장, 가공된 채소 및 인간의 모유에서도 검출된다.

인체 내에서 니트로사민은 혈액, 위액, 소변 및 모유에서 측정 가능한 수준이 보고되고 있다. 그러나 이러한 니트로사민의 기원은 알려져 있지 않다. 니트로사민에 대한 노출이 내생적 형성(endogenous formation)에 기인하는지, 아니면 음식/물을 통해 발생하는지 그 정도도 명확하지 않다.

한편, 중요한 것은 식품 섭취로 인한 니트로사민은 간에서 대부분 분해된다는 사실이다.

efsa JOURNAL

SCIENTIFIC OPINION

ADOPTED: 25 January 2023

doi: 10.2903/j.efsa.2023.7884

Risk assessment of *N*-nitrosamines in food

N-NAs are the reaction products of nitrosating agents such as nitrites or nitrogen oxides and amino-based substances such as secondary amines and may be formed in a variety of foods under processing conditions in the presence of these reactants. N-NAs have been detected, e.g. in cured meat products, processed fish, beer and other alcoholic and non-alcoholic beverages, cheese, soy sauce, oils, processed vegetables and human milk. Heat treatment also produces and increases the levels of N-NAs in food with findings mainly focusing on meat and fish products.

Very little is known about the fate of N-NAs in humans and most of the available information concerns NDMA. The presence of measurable N-NA levels has been reported in blood, gastric juice, urine and milk. The origin of these N-NAs is unknown, and their endogenous formation could not beexcluded. In the few studies in which human volunteers were offered meals with known N-NA (NDMA)content, only trace amounts of the ingested dose were recovered in biological fluids, except in the case of ethanol co-administration. This suggests that, in humans, ethanol may decrease the hepatic clearance of NDMA, as demonstrated in rodents. The in vivo extrapolation of the in vitro hepatic NDMA intrinsic clearance measured in human liver microsomes resulted in a calculated hepatic extraction ratioof about 90%, which is very similar to that measured in vivo in the rat. Finally, quantitative differences between humans and rats were reported in the ability of the same tissue to biotransform and activate(as measured by DNA-binding) different N-NAs.

Most studies on DNA adducts in human tissues do not specifically identify N-NAs as their source. It is also unclear to which extent exposure to N-NAs reflects their endogenous formation or occurs via food/water.

3) 장류 섭취를 통한 바이오제닉아민의 인체 발암 가능성 평가

바이오제닉아민은 체내에서 니트로사민으로 변화된다는 문헌은 없으며, 특히 바이오제닉아민과 관련된 빠른 대사효소계를 고려하여 볼 때, 바이오제닉아민이 니트로사민으로 전환될 가능성은 매우 희박하다고 알려져 있다.

그러나, 식품의약품안전처(2016년)는 식품 중 바이오제닉아민이 **체내에서 발암물질인 니트로사민으로 전환될 가능성을 전제**로 식품 섭취로 인한 바이오제닉아민의 인체 발암성에 대한 위해 여부를 평가하였다.

이를 근거로 장류 섭취로 인한 바이오제닉아민의 인체 발암성(위해)에 대하여 알아보고자 한다.

아래 도식도는 식품 중 유해물질의 안전성을 평가하는 절차이다. 이 절차에 따라 식품 섭취로 인한 바이오제닉아민의 인체 위해성을 따진다.

위해성 평가 절차 도식도

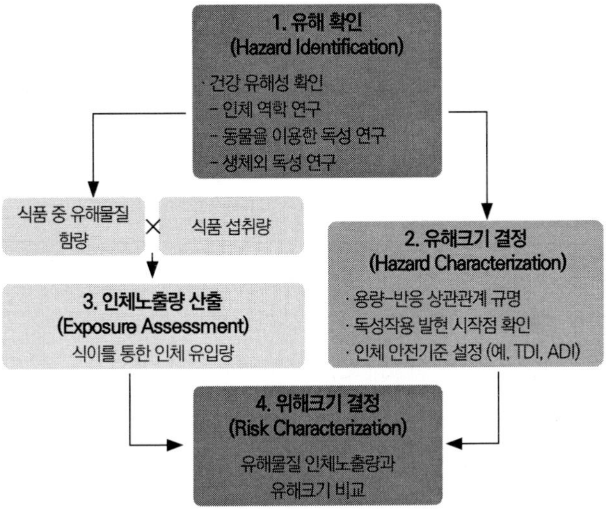

첫째, '유해성 확인'

바이오제닉아민(Biogenic amine, R-NH_2)은 아질산 이온(NO_2-)의 니트로소화 반응에 의해 발암물질인 니트로사민을 생성할 가능성이 있다고 알려져 있다. 니트로사민은 니트로소 화합물의 일종으로 국제암연구소에서 Group 2A 또는 2B인 인체 발암 우려 물질로 분류하고 있다.

그러나, 바이오제닉아민이 아질산 이온과 결합하여 니트로사민을 생성한다는 것은 이론적, 실험적일 뿐이지 체내에서는 아직 명확히 밝혀진 바는 없다.

둘째, '유해크기 결정'

바이오제닉아민의 발암에 대한 유해크기는 히스타민 이외는 알려져 있지 않다. 다만, CODEX에서는 히스타민(Histamine)의 인체노출안전기준을 벤치마크용량 하한값(benchmark dose lower confidence limit, $BMDL_{10}$)으로 36.92mg/kg bw/day를 제안하였으며, 이를 적용하여 바이오제닉아민의 발암 위해성을 추정하고 있다.

바이오제닉아민의 인체노출안전기준(독성값)은 CODEX에서 제안한 histamine의 벤치마크용량 하한값(benchmark dose lower confidence limit, $BMDL_{10}$)인 36,920μg/kg bw/day을 적용하고 있다.

셋째, '인체 노출평가'

식약처는 2008년부터 2013년까지 우리 국민의 총 식품 섭취량의 97.4%를 포함하는 식품을 대상(장류 포함)으로 바이오제닉아민을 조사하여 인체 노출량을 조사하였다.

우리 국민 바이오제닉아민류의 평균 인체 노출량은 0.047~0.287 mg/kg bw/day이었다. 그중에서 조미식품(장류 포함)은 인체 총 노출량에 약 10% 정도만 영향을 미쳤다.

바이오제닉아민의 주요 노출기여 식품은 소주, 맥주, 다랑어/참치통조림, 라면, 막걸리, 배추김치, 대두, 마늘 등이었다. 노출기여율이 높은 식품군을 보면, 채소류, 어패류, 음료 및 주류, 곡류, 조미료류(장류) 순이었다.

바이오제닉아민 노출량에 대한 식품군별 기여도(%)

식품군	Trp	Phe	Put	Cad	His	Tyr	Spd	Spm
곡류	5.1	1.6	9.3	36.8	22.4	1.3	4.7	15.7
감자류	0.5	0.1	1.3	1.2	0.0	1.2	0.3	0.9
당류	0.0	0.1	0.2	0.0	0.0	0.1	0.0	0.1
두류	1.0	0.5	4.6	2.7	0.1	0.0	16.4	19.0
종실류	0.5	0.5	0.5	0.4	0.0	0.3	0.8	1.3
채소류	15.8	4.8	39.2	14.5	29.7	33.4	14.3	24.5
버섯류	0.6	0.1	0.0	0.2	0.0	0.0	4.5	0.4
과실류	0.1	10.2	15.1	0.3	0.3	0.4	2.0	5.0
육류	0.0	11.6	0.0	0.0	0.2	0.1	0.1	0.6
난류	0.0	0.0	0.1	0.0	0.0	0.0	0.0	0.0
어패류	26.6	15.0	5.7	26.9	12.9	42.6	2.0	25.1
해조류	0.0	0.0	0.5	0.0	0.0	0.2	0.1	0.4
우유류	5.2	1.9	1.1	0.9	0.0	0.3	0.1	2.5
유지류	0.0	0.2	0.0	0.0	0.0	0.0	0.0	0.0
음료및주류	32.9	42.6	18.6	11.7	5.9	11.4	4.0	2.1
조미료류	11.5	10.3	3.7	4.2	28.5	8.6	0.5	2.3
조리가공식품류	0.0	0.5	0.0	0.1	0.0	0.1	0.0	0.2
기타	0.1	0.0	0.0	0.0	0.0	0.1	50.0	0.1

넷째, '인체 위해크기 결정'

유전독성과 발암독성 물질의 위해크기는 위해성 평가 방법으로 권고한 노출안전력(Margin of Exposure, MOE)으로 확인하였다. MOE는 벤치마크용량(Benchmark dose, BMD) 등과 같이 독성이 관찰되지 않는 기준값을 인체 노출량으로 나누어 위해 여부를 확인한다.

유럽식품안전청(European Food Safety Authority, EFSA)에서 유전독성과 발암독성 물질의 위해평가 방법으로 노출안전력(Margin of Exposure, MOE)으로 확인한다.
MOE는 벤치마크용량(Benchmark dose, BMD) 등과 같이 독성이 관찰되지 않는 기준값을 인체 노출량으로 나누어 위해성을 확인한다.

2016년 식약처의 발표에 의하면, 식품 섭취로 인한 바이오제닉아민의 MOE는 128.64~785.53으로, 우리 국민의 식품을 통한 바이오제닉아민의 노출수준은 안전하다고 하였다. 이는 일본, 호주, 유럽(EFSA) 등 주요 외국의 노출수준과 비슷하거나 낮은 수준이라고 하였다.

식품 섭취로 인한 바이오제닉아민의
MOE = 36.920mg/kg bw/day / 0.047~0.287mg/kg bw/day = 128.64~785.53
MOE 128.64~785.53은 100 이상으로서 위해관리가 필요한 수준은 아니었다.

여기서, MOE는 일반적으로 10,000 이하이면 위해관리가 필요한 것으로 본다. 하지만, 바이오제닉아민의 경우 직접적으로 유전독성과 관련이 없는 히스타민의 $BMDL_{10}$을 사용했기 때문에 유전독성을 고려하지 않은 MOE 100을 기준으로 안전성을 판단한다.

MOE = $BMDL_{10}$/노출량 = 1(10,000)
→ 10,000 이하면 위해관리 대상
* (10,000): 불확실성 계수(10×10), 추가적 불확실성(10×10): $BMDL_{10}$과 인간의 셀 사이클(cell cycle control) 및 DNA 수선(DNA repair)에 있어서의 개인차에 추가로 기본 계수

결론적으로 바이오제닉아민은 발암물질이 아니지만, 체내에서 니트로사민 전환 가능성을 전제로 따져 보았을 때, 식품 섭취로 인한 바이오제닉아민의 위해 수준은 안전관리가 불필요한 수준으로 안전하였으며, 그중에서 조미식품(장류 포함)이 미치는 영향은 전체 식품의 10% 정도에 불과하다. 장류만을 따졌을 때는 더 낮을 것으로 보인다. **따라서, 장류 중 바이오제닉아민으로 인한 인체 발암 가능성은 없어 보인다.**

2. 장류 중 히스타민의 인체 안전성

장류 중 바이오제닉아민의 인체 안전성에 대하여 히스타민을 중심으로 이야기하면

히스타민 식중독은 어류에 의한 것이 명확히 알려져 있다. 인체의 히스타민 중독 최대무독성량(NOAEL)은 성인의 경우, 1회 식사 제공량 당 히스타민 50mg이다. 어류나 어류가공품에 히스타민이 200mg/kg 이상 생성/오염되어 있는 것을 한번 식사할 때 250g 정도를 먹는다면, 이때는 히스타민 식중독이 발생할 수 있다. 즉, 히스타민이 인체에 50mg 이상 일시에 노출됨으로써 식중독에 걸다는 것이다.

- 히스타민은 인체 내에서 몇 분 이내에 분해효소에 의해 분해되어 없어지기 때문에 **일시(1회 식사)에 과량을 섭취하지 않는 한 식중독이 일어나지 않는다.**
- 한편, **된장 등 발효 장류도 히스타민 함량은 높은 편이나 히스타민 식중독에 걸리지 않는 이유**는 섭취량(1일, 된장 12g 내외, 간장 8g 내외)이 적기 때문에 **일시에 과량(히스타민으로 50mg 이상)이 인체에 노출되지 않기 때문이다.** 액젓도 마찬가지로 히스타민 함유량(1,000mg/kg)은 높지만 섭취량(1일, 어패류 액젓 1g 내외)이 많지 않기 때문에 식중독에 걸리지 않는다.
- 다만, Monoamine oxidase(MAO) 억제제를 투여하고 있는 사람은 티라민이나 히스타민이 인체에서 분해되지 않기 때문에 주의할 필요는 있으나, 발효 장류의 섭취로는 히스타민의 인체 노출량이 미미 때문에 이 또한 히스타민 식중독은 걱정하지 않아도 된다.

1. 바이오제닉아민의 식중독은 어류의 히스타민에 의한 중독(Scombrotoxicosis symptoms)인 어류 중독(Fish poisoning)만 알려져 있을 뿐이다.
2. 어류에 의한 히스타민 중독은 일정량(성인 기준, 히스타민 인체 최대무독성량 50mg) 이상을 섭취하였을 때 일어난다.
3. 어류에 의한 히스타민 중독 증상은 신경계나 혈관계에 악영향을 주어 신경독성, 발진, 알레르기, 구토, 설사 등의 증상이 나타날 수 있다.
4. 어류는 주로 고등어, 방어 등 등푸른생선에서 발생하며, 등푸른생선을 비위생적 보관이나 상온에 방치할 때 생성되고 한번 생성되면 가열해도 파괴되지 않는다.
5. 그러나, 체내에서는 수초에서 수분 내에 효소작용에 의해 분해되고 대사산물은 약리적 효능 또는 독성이 없다.
6. 히스타민 식중독이 일어나는 이유는 일시적으로 많은 양이 체내에 들어올(노출) 경우, 체내에서 분해되지 못하고 독성을 나타낸다.
7. **따라서 히스타민이 200mg/kg 이상으로 오염된 고등어 등의 어류를 한 끼(1회) 식사로 250g 이상 먹게 되면, 체내에 히스타민이 일시적으로 50mg 이상 노출되어 식중독을 일으킨다.**
8. **그러나, 장류 섭취로 인한 바이오제닉아민 히스타민 식중독은 일어날 수 없다.** 발효 장류에 히스타민이 1,000mg/kg이 오염되었다고 할지라도 장류는 한 끼 식사로 섭취하는 양이 10g 내외(간장 8g, 된장 12g, 고추장 10g)로, 체내에 노출되는 히스타민 양은 10mg 내외로 식중독 기준치의 50mg에는 못 미치는 양이다. 이 또한 곧바로 체내에서 분해되어 사라지고 축적되지 않는다.
9. 우리나라의 경우, 어류에 의한 히스타민 식중독은 종종 보고되고 있으나, 장류의 섭취에 의한 히스타민 식중독은 아직까지 보고된 바 없다. 이유는 한 끼(1회) 식사에 의한 히스타민 섭취량의 차이로 보면 된다.

1) 장류 섭취로 인한 히스타민의 인체 위해성

장류 섭취로 인한 바이오제닉아민 중의 하나인 히스타민의 인체 위해성(위해크기)에 대하여 알아보면,

첫째, '유해성 확인'

히스타민은 신경계나 혈관계에 악영향을 주어 신경독성, 발진, 알레르기, 구토, 설사 등의 식중독을 일으키는 급성독성 물질이다.

생선에서 히스타민이 200mg/kg 이상 존재할 경우, 이 생선을 섭취하면 scombrotoxic symptoms, 히스타민 식중독(발진, 설사, 발한, 두통, 구토 증상)이 발생한다.

둘째, '유해크기 결정'

FAO and WHO 전문가들은 어류에 의한 식중독(어류 히스타민이 200mg/kg 이상이 검출된 생선을 섭취한 경우 94%가 scombrotoxic symptoms 발생)을 조사하여, 어류 중 생성된 히스타민에 의한 중독이라고 밝혔다. 이 중독이 일어난 지역의 사람을 대상으로 어류 섭취량, 어류의 히스타민 함량을 분석하여 히스타민의 인체 최대무독성량(NOAEL)을 50mg으로 결정하였다. 즉, 인체 위해성을 판단하는 인체노출안전기준은 성인의 경우, 1회 섭취량으로 50mg(급성독성)을 결정하였다. 여기서 말하는 히스타민의 인체 최대무독성량(NOAEL)은 동물실험 결과가 아닌 사람을 대상으로 평가한 최대무독성량으로 안전계수 적용없이 그대로 인체 적용

최대무독성량이 되는 것이다.

FAO/WHO에서 정한 히스타민의 유해크기인 인체 최대무독성량

The hazard characterization concluded that a dose of 50mg of histamine, which is the no-observed-adverse-effect level(NOAEL), is the appropriate hazard level.
The FAO/WHO Expert Report identified 50mg as the no observed adverse effects level (NOAEL) for histamine in humans.

셋째, '인체 노출평가'

히스타민은 급성독성 물질이므로 식품의 1회(한 끼) 섭취량으로 노출량을 평가한다.

히스타민은 급성으로 독성을 나타내기 때문에 축적된 양이 아니고 일시적인 노출량으로 평가한다. 그리고 히스타민은 몇 시간 지나면 인체에서 분해되어 사라진다. 그래서 한번 먹는 양이 중요하다.

넷째, '인체 위해크기 결정'

히스타민 1,000mg/kg이 검출된 된장을 섭취할 경우, 위해크기는 된장의 한 끼 식사량(12g 내외)으로는 히스타민의 인체 최대무독성량(50mg) 대비 24%이다. 따라서 100%를 초과하지 않아서 이 된장을 먹어도 히스타민 중독(식중독)은 일어나지 않으며, 위해식품도 아니다.

특히, 히스타민은 축적성이 없는 급성독성 물질로 체내에서 곧바로 분해되어 사라지기 때문에 일시(한 끼 식사)에 많은 양(히스타민으로 50mg 이상)을 섭취하지 않으면 중독을 일으킬 수 없다.

한편, 된장 등 발효 장류를 먹고 어류의 히스타민 중독과 같은 식중독을 일으킨 사례는 아직까지 보고된 바 없다.

따라서 장류 섭취로 인한 히스타민 식중독은 발생할 가능성이 없다.

예를 들어, 히스타민 1,000mg/kg이 검출된 된장을 하루에 한 번에 12g을 먹었다면 우리 인체에 들어온 히스타민의 양(히스타민 인체 노출량)은 12mg이다. 그러나 히스타민 200mg/kg이 검출된 고등어를 하루에 한 번에 250g을 먹었다면 우리 인체에 들어온 히스타민의 양(히스타민 인체 노출량)은 50mg이다.

좀 더 자세히 설명하자면,

1,000mg/kg이 검출된 된장과 200mg/kg 이 검출된 고등어의 검출량은 5배나 차이가 나지만 그 섭취량의 차이는 25배(된장의 실제 섭취자 1일 섭취량은 12g 정도이고, 고등어는 1일 250g)이다. 따라서 된장의 경우, 고등어보다 섭취량이 25배나 적기 때문에 오히려 검출량이 5배나 많음에도 불구하고 우리 인체에 들어온 히스타민 양(히스타민 인체 노출량)은 12mg으로 히스타민 중독을 일으킬 수 있는 양인 인체 최대무독성량(성인, 50mg)보다 적기 때문에 식중독은 일어나지 않는다. 그러나, 고등어를 섭취한 경우는 인체에 들어 온 히스타민(히스타민 인체 노출량) 양이 50mg으로 인체 최대무독성량(성인, 50mg)과 비교하였을 때, 히스타민 중독을 일으킬 수 있다.

따라서 이것이 히스타민 1,000mg/kg이 검출된 된장을 먹어도 히스타민 중독(식중독)은 일어나지 않는 이유이다.

장류 중 바이오제닉아민 함량(식약처 자료)

		HPLC analysis of BA contents (ppm)								
		TrpN	Phen	Put	Cad	HIsN	TyrN	Spd	Spe	Total BA
Doenjangs	AD1	76.4	47.6	106.9	25.6	546.6	822.5	24.5	0.0	1650.1
	AD2	8.4	18.5	106.7	114.4	90.9	58.0	18.3	0.0	415.1
	AD3	20.4	19.8	142.5	58.2	194.1	96.5	25.9	0.0	557.4
	BD1	30.1	14.2	44.0	26.6	12.5	15.3	27.9	0.0	170.6
	BD2	18.5	12.7	45.5	27.2	15.2	33.5	41.4	0.0	193.9
	CD1	0.0	36.8	113.2	222.2	34.9	44.8	11.4	0.0	463.4
	CD2	0.0	38.3	92.7	199.2	19.5	27.8	19.9	0.0	397.4
Gangangs	AG1	12.2	376.4	143.9	101.2	238.8	1128.1	26.4	0.0	2027.1
	AG2	0.0	49.2	54.2	46.0	52.8	117.9	36.0	0.0	356.1
	BG1	23.3	138.1	321.1	30.0	764.9	620.6	18.1	0.0	1916.1
	BG2	17.9	13.6	79.3	26.5	23.0	50.7	33.6	0.0	244.7
	CG	15.4	45.8	116.0	65.7	181.0	146.5	37.2	0.0	607.6
	FG	0.0	62.8	56.2	192.0	281.6	482.6	31.1	0.0	1106.3
Chungguk-jangs	DC	214.2	367.3	20.0	15.5	8.2	1387.5	59.4	0.0	2072.2
	EC	31.3	28.9	26.5	22.8	8.5	17.6	54.9	0.0	190.5

[a]TrpN, tryptamine; PheN,2-phenylethylanime; Put, putrescine; Cad, cadevarine; HisN, histamine; TryN, tyramine; Spd, spermidine; Spm, spermine

2) 어류 중 히스타민의 최대기준은 어떻게 설정된 것인가

바이오제닉아민 중독은 주로 히스타민 중독인데, 히스타민은 고등어, 꽁치, 정어리, 참치 등 등푸른생선을 상온에 방치할 때 생성되고 한번 생성되면 가열해도 파괴되지 않는다. 히스타민을 하루에 성인이 50mg 이상을 섭취할 경우, 신경계나 혈관계에 악영향을 주어 신경독성, 발진, 알레르기, 구토, 설사 등의 증상이 나타날 수 있다.

FAO and WHO 전문가들이 어류에 의한 식중독을 조사한 결과

- Scombrotoxicosis symptoms(Fish poisoning) 발생
  - 히스타민 함량이 200mg/kg 이상인 어류를 섭취한 경우, 94%가 scombrotoxic symptoms 발생
  - 식중독이 발생한 사람들의 어류 섭취량(250g)과 어류의 히스타민 함량(200mg/kg 이상)을 분석한 결과, 히스타민의 인체 최대무독성량은 50mg으로 결정

다음은 어류의 히스타민 농도에 따른 위해성을 설명한 표이다. 어류 생선의 히스타민 농도가 200mg/kg 이상이면 생선의 품질이 좋지 않은 것이며, 인체 건강에 위해를 일으킬 수 있다.

어류의 히스타민 함량에 따른 인체 위해성

히스타민 농도	어류 품질	인체 건강 영향(위해성)
〈 50mg/kg	normal	safe for consumption
50 ~ 200mg/kg	mishandled	possibly toxic
200 ~ 1,000mg/kg	unsatisfactory	**probably toxic**
≧ 500mg/kg	not reported	toxic
〉 1,000mg/kg	unsafe	toxic

우리나라는 이러한 어류에 의한 식중독을 예방하기 위하여 **고등어, 참치, 연어, 꽁치, 청어, 멸치, 삼치, 정어리 등 등푸른생선이 통조림, 냉동, 염장, 건조, 절단된 경우** 히스타민 기준을 200mg/kg 이하로 설정하여 관리하고 있다.

어류의 히스타민 기준인 200mg/kg이 오염된 고등어를 250g

섭취하였다면 히스타민 50mg이 체내에 들어온 셈이다. 히스타민의 인체 최대무독성량은 성인의 경우 50mg이다. 그래서 고등어 등 어류의 섭취량 250g을 고려하여, 이(히스타민 50mg)를 초과하지 않도록 어류의 히스타민 기준을 200mg/kg 이하로 설정한 것이다.

즉, 히스타민 기준(우리나라는 200mg/kg, 미국은 500mg/kg) 이상이 검출된 어류나 어류가공품을 먹으면 식중독을 일으킬 수 있다는 의미이다. 참고로 우리나라 성인 남자 평균 체중은 60kg, 미국 성인 남자 평균 체중은 90kg 정도이다.

3) 장류의 섭취로 인한 히스타민의 식중독 발생 사례가 있나

된장 등 장류를 먹고 어류의 히스타민 중독과 같은 식중독을 일으킨 사례는 아직까지 보고된 바는 없다.

4) 히스타민이 발효 장류에도 다량 검출되었는데도 식중독이 없는 이유

히스타민은 인체 내에서 몇 분 이내에 분해효소에 의해 분해되어 없어지기 때문에 일시(1회 식사, 한 끼 식사)에 과량(히스타민으로 50mg 이상)을 섭취하지 않는 한 식중독이 일어나지 않는다.

왜냐하면 된장 등 발효 장류는 주로 조미료로서 섭취량이 소량이기 때문에 1회 섭취한 양으로는 히스타민으로 50mg을 초과할 수 없다.

예를 들어, 히스타민 1,000mg/kg이 검출된 된장을 하루에, 한 번에 12g을 먹었다면 우리 인체에 들어온(노출) 히스타민의 양은 12mg으로, 위해크기는 24%이다.

따라서 히스타민 1,000mg/kg이 검출된 된장을 먹어도 히스타민 중독(식중독)은 일어나지 않는다.

따라서 일시에 식품을 통해 히스타민을 먹는 양이 중요하다. 설령 히스타민이 다량 검출된 된장 등 장류를 먹더라도 히스타민 식중독을 일어나지 않는다. 왜냐하면 된장 등 발효 장류는 주로 조미료로서 섭취량(간장 8g, 된장 12g, 고추장 10g)이 소량이기 때문에 상대적으로 인체 내 히스타민 노출량은 적을 수밖에 없다.

한편, 된장 등 발효 장류를 먹고 어류의 히스타민 중독과 같은 식중독을 일으킨 사례는 아직까지 보고된 바 없다.

5) 식중독을 일으키는 히스타민 양은 어떻게 산출되었나

FAO/WHO는 어류 식중독(히스타민 식중독)이 일어난 지역의 조사에 의하면 **어류의 섭취량은 최대 250g**이고, 식중독이 일어나 지역의 **어류 중 히스타민 함량은 최소 200mg/kg 이상**이었다. 이를 토대로 계산하면 **히스타민의 인체 노출량은 50mg**이다. 즉, 히스타민이 인체에 노출되어 식중독을 일으킬 수 있는 양으로 50mg 이상을 제시하였다. 결론적으로 FAO and WHO 전문가들은 어류에 의한 식중독을 조사하여 어류 중 생성된 히스타민에 의한 중독이라고 밝혔다. 이 중독이 일어난 지역의 사람을 대상으로 어류 섭취량, 어류의 히스타민 함량을 분석하여 **히스타민의 인체 최대무독성량(NOAEL)을 50mg으로 결정**하였다.

즉, 인체 위해성을 판단하는 인체노출안전기준이 성인의 경우, 1회 섭취량은 50mg인 것이다.

The FAO/WHO Expert Report identified 50mg as the no observed adverse effects level (NOAEL) for histamine in humans.

이유는 여기서 말하는 히스타민의 인체 최대무독성량(NOAEL)은 동물실험 결과가 아닌 사람을 대상으로 평가한 무독성량으로 안전전계수 적용 없이 그대로 인체적용 최대무독성량이 되는 것이다.

FAO and WHO convened an expert meeting 보고서

23-27 July 2012
FAO Headquarters, Rome Italy

FOOD AND AGRICULTURE ORGANIZATION OF THE UNITED NATIONS
WORLD HEALTH ORGANIZATION

The hazard characterization concluded that a dose of 50mg of histamine, which is the no-observed-adverse-effect level(NOAEL), is the appropriate hazard level.
The FAO/WHO Expert Report identified 50mg as the no observed adverse effects level (NOAEL) for histamine in humans. At this level healthy individuals would not be expected to suffer any of the symptoms associated with SFP. In addition, no cumulative effect of consecutive meals containing fish was expected, because histamine usually leaves the body within a few hours.

6) 식품의 안전성을 식품 중 유해물질의 최대기준으로 판단하는 경우도 있나

유해물질 중 급성독성이 있는 경우, 식품 중 그 유해물질의 안전성은 식품 중 최대기준으로 위해 여부를 판단한다. 이유는 최대기준을 설정할 때, 급성독성의 경우 1회 섭취로 위해가 발생하므로 유해크기(독성)과 위해크기를 감안하여 1회 섭취로 유해크기를 초과하지 않도록 설정하기 때문이다.

일반적으로 식품 중 유해물질의 안전성(위해성) 판단은 그 유해물질의 유해크기인 인체노출안전기준(인체 최대무독성량)으로 위해 여부를 판단한다. 하지만 식품 중 유해물질이 독어독, 마비성패독, 어류 중 히스타민 등과 같이 급성독성을 가진 경우, 검출된 식품의 인체 위해 여부는 위해평가를 거치지 않고 식품 중 최대기준 초과 여부로 위해식품 여부를 판단한다. 이 경우는 기준이 초과한 식품을 섭취하면 바로 인체 건강에 해를 끼칠 수 있기 때문에 매우 주의가 필요하다. 이유는 이미 유해크기(독성)과 위해크기를 감안하여, 즉, 위해평가 결과를 반영하여 인체에 위해하지 않는 수준(급성독성을 나타내지 않는 수준)에서 최대기준을 설정하기 때문이다.

그렇지 않으면 독소가 있는 식품은 그 독소를 불검출 기준으로 관리해야 하는데 그러할 경우, 급성독성이 있는 식품은 먹지 못하는 경우가 발생한다. 그래서 독성부위를 제거하거나, 독성물질이 생성되지 않도록 관리한 다음, 최대기준에 적합한 것만 식품으로 섭취하는 경우도 있다.

7) 된장에서 바이오제닉아민이 다량 검출되는데, 이 된장은 위해식품일까

식품의약품안전처는 2016년 국내 제조업체가 제출한 된장과 간장, 액젓 등 장류 제품 206개를 검사한 결과를 발표하였다.

- 41개(19.9%) 제품에서 권고치(제품 1kg당 500mg 이하)가 넘는 바이오제닉아민이 검출됐다고 2일 밝혔다. 권고치 초과 검출률은 2014년 6.5%, 2015년 19.3% 등으로 꾸준히 높아지고 있다.
- 3년간 바이오제닉아민이 가장 많이 검출된 제품은 된장(83개) 간장(50개) 액젓(19개) 순이었다. 이 중 63개 제품에선 바이오제닉아민이 1kg당 1,000mg 이상이 검출돼 권고치의 2배가 넘었다.

* 바이오제닉아민은 단백질이 발효되는 과정에서 발생하는 질소화합물이다. 이 중 히스타민은 혈관과 신경을 자극해 피부 염증과 두통, 복통 등 식중독을 일으킬 수 있다.

사람이 히스타민 중독을 일으키려면 히스타민을 50mg 이상 한꺼번에 인체에 노출되어야 한다. 된장 등 발효 장류는 주로 조미료로 섭취량이 소량이기 때문에 히스타민이 장류 섭취로 50mg을 초과하지 못한다. 히스타민은 급성독성으로 히스타민이 검출된 된장 등 장류를 먹더라도 히스타민 식중독을 일어나지 않는다.

예를 들어, 히스타민 1,000mg/kg이 검출된 된장을 하루에 한 번에 12g(실제 된장 섭취자의 1일 평균 섭취량, 극단섭취자(95th)는 32g)을 먹었다면 우리 인체에 들어온(노출) 히스타민의 양은 12mg(극단섭취자는 32mg)이다. 이때 위해크기는 실제 섭취자의 경우가 24%이고, 극단 섭취자의 경우가 64%이다. 극단섭취자라고 할지라도 된장 등 장류의 섭취로는 식중독을 일으키는 양(히스타민 50mg)을 초과할 수 없다.

따라서 히스타민 1,000mg/kg이 검출된 된장을 먹어도 히스타민 중독(식중독)은 발생하지 않으며, 위해식품도 아니다.

히스타민은 인체 내에서 수분 이내에 분해효소에 의해 분해되어 없어지기 때문에 일시(1회 식사)에 과량을 섭취하지 않는 한 식중독이 일어나지 않는다.
그래서 먹는 양이 중요하다. 설령 히스타민이 검출된 된장 등 장류를 먹더라도 히스타민 식중독을 일어나지 않는다. **따라서 히스타민이 검출된 된장은 위해식품이 아니다.**

8) 장류에서 바이오제닉아민 기준을 초과 검출되었다고 하는데 무슨 말인가

식약처, 206개 제품 중 41개서 확인
고혈압-식중독 일으킬 수 있는 물질, 된장-간장-액젓 제품 順 많이 나와 일부 간장에선 권고치 6배 검출… 제조공정 위생 관리 강화 시급

식품의약품안전처는 2016년 국내 제조업체가 제출한 된장과 간장, 액젓 등 장류 제품 206개를 검사한 결과 41개(19.9%) 제품에서 권고치(제품 1kg당 500mg 이하)가 넘는 바이오제닉아민이 검출됐다고 2일 밝혔다.

* 출처: 동아일보, [단독]장류제품 20%서 유해물질 초과 검출, 2018. 10. 03.

여기서 말하는 바이오제닉아민의 권고 기준치(500mg/kg 이하)는 우리나라에는 없는 것으로, 500mg/kg 이하라는 값은 아마도 미국의 가다랑어 및 참치 통조림 중에 설정된 히스타민 최대기준을 말하는 것으로 보인다. 미국은 1986년 사이에 미국에서 발생한 히스타민 식중독 사례 188건에 질병과 상관성이 확인된 히스타민 오염 수준(500kg/mg)에 근거에서 설정한 히스타민 기준이다.

이는 수산물에 대한 기준으로 CODEX, 유럽연합도 모두 어류나 어류가공품에 대한 기준을 제시하고 있을 뿐이다.

CODEX는 어류나 어류 가공품 중 히스타민 기준을 200mg/kg 이하로 설정하였으며, 우리나라도 동일한 기준으로 정하고 있다.

FAO/WHO는 어류 식중독(히스타민 식중독)이 일어난 지역의 조사에 의하면 어류의 섭취량은 최대 250g이고, 식중독이 일어나 지역의 어류 중 히스타민 함량은 최소 200mg/kg 이상이었다. 이를 바탕으로 히스타민이 인체에 노출되어 식중독을 일으킬 수 있는 양으로 50mg 이상을 제시하였다. 이를 근거(섭취량과 오염도, 식중독 발생사례)로 CODEX는 어류나 어류가공품 중 히스타민 최대기준을 200mg/kg 이하로 설정하였다.

어류의 히스타민 최대기준은 어류 및 그 가공식품의 최대 섭취량이 250g을 가정하여 설정한 것이다. **만약, 장류의 섭취량(12g 내외)을 기준으로 장류에 대한 히스타민의 최대기준을 설정한다면 4,000mg/kg 이하로 설정하여야 할 것이다.**

따라서, 발효 장류의 히스타민 기준을 어류 및 그 가공식품 기준의

20배인 4,000mg/kg 이하로 설정하여도 장류 섭취로 히스타민 식중독은 일어나지 않는다.

식품 중 히스타민의 최대기준은 모두 어류 및 그 가공품(특히, 등푸른생선)에 대한 기준으로 그 외에 가공식품에는 히스타민 기준을 설정하고 있는 국가는 없다.

현재 장류에 대한 히스타민은 기준은 없다. 만약, **장류에 대한 히스타민의 최대기준을 설정한다면 4,000mg/kg 이하로 설정하여야 할 것이다.** 왜냐하면 어류의 히스타민 최대기준을 히스타민의 독성값(인체 최대무독성량, 50mg)과 어류의 최대 섭취량이 250g을 가정하여 기준을 설정하였듯이, **장류의 히스타민 최대기준은 히스타민의 독성값**(인체 최대무독성량, 50mg)**과 장류의 섭취량 12g 내외를 가정하여 기준을 설정해야 하기 때문이다.**

9) 우리나라에서도 히스타민 식중독을 일으킨 사례가 있나

2016년 11월, 대한민국 서울의 초등학생을 대상으로 히스타민 식중독 사건이 발생했다. 점심으로 생선을 먹은 교직원 1,017명 중 55명(5.4%)이 식중독에 걸렸다. 주요 증상은 홍조(100%)와 두통(72.7%)이었다. 평균 잠복기는 40분이었다. 모두 방어 스테이크를 섭취했다. 남은 스테이크의 히스타민 수치는 허용치인 200mg/kg(국내 기준)보다 높은 293mg/kg으로 나타났다. 이는 국내 최초의 보고로 히스타민 중독의 발생이 확인되었다(9).

이것은 293mg/kg이 검출된 방어 스테이크를 200g(히스타민 58.6mg)에서 250g(히스타민 73.2mg) 정도 섭취하면서, 인체에 히스타민 양이 50mg 이상 노출됨으로써 식중독이 발생한 것으로 보인다.

* 히스타민 293mg/kg이 검출된 방어를 200g 섭취하였다면 히스타민이 인체 들어온(노출) 양은 293mg/kg × 0.2kg(200g) 하면 58.6mg이다.

히스타민 식중독(스콤브로이드 생선 중독)

Kang CR, Kim YY, Lee JI, et al. An Outbreak of Scombroid Fish Poisoning Associated with Consumption of Yellowtail Fish in Seoul, Korea. J Korean Med Sci 2018;33: 235

정성필, 스콤브로이드 생선 중독과 히스타민 식중독, 대한임상독성학회지 27권 1호(2019)

미국 FDA에서는 생선 100g당 50mg 이상(미국 기준 500mg/kg)의 히스타민이 검출되면 위험하다고 간주한다.
우리나라는 2016년 11월, 대한민국 서울의 초등학생을 대상으로 고등어 중독 사건이 발생했다. 점심으로 생선을 먹은 교직원 1,017명 중 55명(5.4%)이 병에 걸렸다. 주요 증상은 홍조(100%)와 두통(72.7%)이었다. 평균 잠복기는 40분이었다. 모두 방어 스테이크를 섭취했다. 남은 스테이크의 히스타민 수치는 허용치인 200mg/kg(국내 기준)보다 높은 293mg/kg으로 나타났다. 이는 국내 최초의 보고로 고등어 중독의 발생이 확인되었다.

이것은 293mg/kg이 검출된 방어 스테이크를 200g(히스타민 58.6mg)에서 250g(히스타민 73.2mg) 정도 섭취하면서, 일시적으로 인체에 히스타민 양이 50mg 이상 노출됨으로써 식중독이 발생한 것으로 보인다.

히스타민 식중독(스콤브로이드 생선 식중독)은,

1) 히스타민은 냉장 보관되지 않은 등푸른생선에 들어 있는 유리 아미노산(히스티딘)으로부터 세균에 의해 생성된다.
2) 등푸른생선에 의한 히스타민 식중독은 섭취 후 20~30분 이내에 홍조, 두통, 현기증, 복부 경련, 심계항진 등의 알레르기 반응이 나타나는 것이 특징이다. 대부분 증상은 6~8시간 이내에 해결된다.
3) 생선 소비가 증가함에 따라 많은 국가에서 히스타민 식중독이 발생하는 일이 흔해졌다.

3. 장류 중 티라민의 인체 안전성

1. 바이오제닉아민인 티라민은 수산물의 저장이나 발효식품의 숙성 과정에서 발생하는 것으로 아드레날린을 다량 방출케 하면서 신경 및 혈관을 자극하는 물질로 많이 먹으면 **혈관수축과 혈압상승** 등의 증상을 일으킬 수 있다.

2. 티라민은 인체의 소장, 간 등에 존재하는 Monoamine oxidase (MAO) 또는 Diamine oxidase (DAO)의 효소작용에 의해 대사되고 체내 짧은 반감기(티라민 30여 분)를 가지며 대사산물은 약리적 효능 또는 독성이 없다.

3. 일반인들은 티라민을 분해할 효소가 충분히 있고, 티라민을 다량 함유하고 있는 식품을 위험할 정도로 많이 섭취하지는 않는다. 건강한 성인의 경우, 티라민의 인체 최대무독성량(NOAEL)은 1일 600mg이다. 장류 섭취로 인한 티라민의 위해크기는 1%도 안 된다. 장류 섭취로 인한 티라민은 인체에 아무런 영향을 미치지 않는다. For adults, levels of 100-800mg/kg of dietary tyramine have been suggested as acceptable, and levels 〉 1080mg/kg as toxic.

* 출처: www.sciencedirect.com/science/article/abs/pii/S1466856410000846

4. 항우울제나 혈압 강화제로 사용되는 약물인 모노아민 옥시다아제(MAO) 억제제를 복용하고 있는 경우는 체내에서 티라민이 분해되지 않기 때문에 티라민이 과량 함유된 식품의 섭취를 주의해야 한다.

하지만, 장류 섭취로 인한 티라민의 위해크기는 10% 정도이다. 이 역시 장류로 인한 티라민은 인체에 아무런 영향을 미치지 않는다.

5. 티라민이 다량 함유된 식품은 주로 와인, 치즈, 장류 등이나, 장류는 와인이나 치즈에 비하여 섭취량이 적어, 장류 섭취로 인한 티라민은 그다지 인체 건강에 영향이 없다.

1) 장류 섭취로 인한 티라민의 인체 위해성

장류 섭취로 인한 바이오제닉아민 중의 하나인 티라민의 인체 위해성(위해크기)에 대하여 알아보면,

첫째, '유해성 확인'

바이오제닉아민인 티라민은 수산물의 저장이나 발효식품의 숙성 과정에서 발생하는 것으로 아드레날린을 다량 방출케 하면서 신경 및 혈관을 자극하는 물질로 많이 먹으면 **혈관수축과 혈압상승** 등의 증상을 일으킬 수 있다.

바이오제닉아민인 티라민은 수산물의 저장이나 발효식품의 숙성 과정에서 발생하는 것으로 아드레날린을 다량 방출케 하면서 신경 및 혈관을 자극하는 물질로 많이 먹으면 **혈관수축과 혈압상승** 등의 증상을 일으킬 수 있다.

둘째, '유해크기 결정'

EFSA에서 발표한 자료에 의하면 건강한 성인의 경우, 티라민 600mg까지는 인체 건강에 영향을 미치지 않는다고 하였다. 또한, 아민 분해효소 억제제(monoamine oxidase inhibitor(MAOI))를 복용한 성인의 경우에도 50mg까지는 안전하다고 하였다.

결국, 티라민의 인체 최대무독성량(NOAEL)은 성인의 경우 600mg이고, MAOI(아민분해효소 억제제) 약물을 복용하는 사람의 경우는 50mg이다.

건강한 성인의 경우, 티라민의 유해크기인 인체 최대 무독성량(NOAEL)은 1일 600mg이다.
항우울제나 혈압 강화제로 사용되는 약물인 모노아민 옥시다아제(MAO) 억제제를 복용하고 있는 성인의 경우, 티라민의 유해크기인 인체 최대무독성량(NOAEL)은 1일 50mg이다.
티라민의 인체 최대무독성량은 인체(성인)를 대상으로 결정한 값으로 인체에 직접 적용하는 값이다.

셋째, '인체 노출평가'

티라민은 체내 반감기가 30여 분으로 체내에서 분해효소인 MAO(monoamine oxidase)에 의하여 30분 정도 지나면 분해된다. 그래서 1일 또는 한 끼 식사량으로 티라민의 인체 노출량을 산출한다.

장류 중 티라민은 2010년 식품의약품안전처에서 국내 유통 중인 발효식품 45종을 검사한 결과에 의하면, 티라민의 평균 검출량은 된장 363mg/kg, 양조간장 594mg/kg, 재래간장 242mg/kg이었다. (장류의 1일 평균 섭취량(실제 섭취자 기준)은 간장 8g, 된장 12g, 고추장 10.5g으로 10g 내외이다.)

→ 장류 섭취로 인한 티라민의 인체 1일 노출량은 된장 4.3mg, 양조간장 4.7mg, 재래간장 1.9mg이다.

→ 이 양은 건강한 성인의 경우, 인체 최대무독성량(600mg)의 1% 이하 수준밖에 안 되는 양이다.

장류 중 티라민의 평균 검출량은 된장 363mg/kg, 양조간장 594mg/kg, 재래간장 242mg/kg이었다. 하지만 인체 노출량은 검출량이 중요한 것이 아니라 먹는 양도 중요하다. 된장, 간장의 1일 실제 섭취자의 평균 섭취량은 각각 12g, 8g이다. 그러면 장류 섭취로 인하여 인체에 들어오는 티라민의 양은 각각 된장 4.3mg, 양조간장 4.7mg, 재래간장 1.9mg이다.

이 양은 건강한 성인의 경우, 인체 최대무독성량(600mg)의 1% 이하 수준밖에 안 되는 양으로 매우 안전하다. 이 정도의 티라민이 함유된 발효식품은 아무리 먹어도 안전하다는 의미이다. MAOI 약물을 복용하는 사람의 경우에도 인체 무독성량(50mg)의 10% 이내 수준밖에 안 되는 양이다.

넷째, '인체 위해크기 결정'

티라민의 인체 최대무독성량(NOAEL)은 1일 600mg이고, 장류 섭취로 인한 티라민의 인체 노출량은 된장이 4.3mg, 양조간장이 4.7mg, 재래간장이 1.9mg이다.

따라서 장류 섭취로 인한 티라민의 인체 위해크기는 된장이 0.7%, 양조간장이 0.8%, 재래간장이 0.3%이다.

따라서, 장류를 섭취(성인 기준)로 인한 티라민의 위해크기는 1% 수준으로 매우 안전하다. MAOI 약물을 복용하는 성인의 경우, 티라민의 위해크기는 10% 수준밖에 안 되는 양이다. **결국 장류 섭취로 인한 티라민의 인체 위해 우려는 없다.**

티라민은 체내 반감기가 30여 분으로 체내에서 분해효소인 MAO(monoamine oxidase)에 의하여 30분 정도 지나면 분해된다. 그래서 한 끼 식사량으로 티라민의 인체 노출량을 산출하고 티라민의 인체 최대무독성량(NOAEL)과 비교하여 위해 여부인 위해크기를 결정한다.

설령, 장류 중 티라민의 최고 검출량이 평균 검출량(된장 363mg/kg, 양조간장 594mg/kg, 재래간장 242mg/kg)의 5배라고 할지라도 티라민의 인체 위해크기는 건강한 성인의 경우 5% 수준이고, MAOI 약물을 복용하는 사람의 경우, 50% 이내이다. **따라서 장류 섭취로 인한 티라민은 인체 건강에 문제가 되지 않는다.**

2) 장류 중에 존재하는 티라민은 인체 건강에 안전하다

티라민은 체내 반감기가 30여 분으로 체내에서 분해효소인 MAO(monoamine oxidase)에 의하여 30분 정도 지나면 분해된다. 그래서 식품 섭취로 인한 티라민은 크게 건강에 문제가 되지 않는다. 하지만 항우울제나 혈압 강화제로 사용되는 약물인 모노아민옥시다아제(MAO) 억제제를 복용하고 있는 경우는 체내에서 분해되지 않기 때문에 티라민이 과량 함유된 식품의 섭취를 주의해야 한다. 하지만, 이것 또한, 장류 섭취로는 염려할 필요가 없다.

티라민은 수산물의 저장 및 발효식품의 숙성 과정에서 발생하는 것으로 아드레날린을 다량 방출케 하면서 신경 및 혈관을 자극하는 물질로 많이 먹으면 **혈관수축과 혈압상승** 등의 증상을 일으킬 수 있다. 그러나 일부 항우울제나 결핵약을 먹고 있지 않은 일반인들은 티라민의 위해성을 크게 걱정할 필요가 없다.
일반인들은 티라민을 분해할 효소가 충분히 있고, 티라민을 다량 함유하고 있는 식품을 위험할 정도로 많이 섭취하지는 않는다.

바이오제닉아민은 신경전달 물질의 역할을 마친 생물 기원 아민은 MAO라는 효소에 의해 분해되어 몸 밖으로 배출된다. 식품에 들어있는 생물 기원 아민은 대부분 소장을 통해 흡수되지만, 분해효소(MAO)에 의해 분해되어 몸 밖으로 배출되어 문제가 되지 않는다.

* 출처: 식품의약품안전청, 제25회 식품안전열린포럼, 2007. 12. 12.

3) 티라민의 인체 최대무독성량은 어떻게 설정하나

EFSA(유럽식품안전청)에서 발표한 자료(2011년)에 의하면, 건강한 성인의 경우 티라민 600mg까지는 인체 건강에 영향을 미치지 않는다고 하였다. 또한, 아민 분해효소 억제제(monoamino oxidase inhibitor (MAOI)을 복용한 성인의 경우에도 50mg까지는 안전하다고 하였다.

결국, **티라민의 유해크기인 인체 최대무독성량(NOAEL)은 성인의 경우 600mg이고, MAOI(아민분해효소 억제제) 약물을 복용하는 사람의 경우는 50mg이다.**

Scientific Opinion on risk based control of biogenic amine formation in fermented foods

efsa
European Food Safety Authority

EFSA Journal 2011;9(10):2393

SCIENTIFIC OPINION

Scientific Opinion on risk based control of biogenic amine formation in fermented foods[1]

A qualitative risk assessment of biogenic amines (BA) in fermented foods was conducted, using data from the scientific literature, as well as from European Union-related surveys, reports and consumption data. Histamine and tyramine are considered as the most toxic and food safety relevant, and fermented foods are of particular BA concern due to associated intensive microbial activity and potential for BA formation. Based on mean content in foods and consumer exposure data, fermented food categories were ranked in respect to histamine and tyramine, but presently available information was insufficient to conduct quantitative risk assessment of BA, individually and in combination(s). Regarding BA risk mitigation options, particularly relevant are hygienic measures to minimize the occurrence of BA-producing microorganisms in raw material, additional microbial controls and use of BA-nonproducing starter cultures. **Based on limited published information, no adverse health effects were observed after exposure to following BA levels in food (per person per meal): a) 50mg histamine for healthy individuals, but below detectable limits for those with histamine intolerance; b) 600mg tyramine for healthy individuals not taking monoamino oxidase inhibitor (MAOI) drugs, but 50mg for those taking third generation MAOI drugs or 6mg for those taking classical MAOI drugs; and c) for putrescine and cadaverine, the information was insufficient in that respect.**

* 출처: www.efsa.europa.eu/en/efsajournal/pub/2393

4. 바이오제닉아민이 다량 검출된 된장은 인체 건강에 안전할까

다음의 히스타민과 티라민이 다량 검출된 된장은 **발암성, 히스타민 식중독, 약물 복용자의 티라민에 의한 혈압상승**에 과연 안전할까?

전통 방법으로 만든 재래 된장의 경우 바이오제닉아민 중에서도 위험성이 높은 것으로 알려진 히스타민이 최고 952mg/kg, 티라민이 1,430mg/kg 들어 있는 것으로 분석됐다.

첫째, 된장 중 **바이오제닉아민의 발암성**에 대하여 살펴보면,

일반적으로 바이오제닉아민은 아질산 이온과 반응해서 발암물질인 니트로사민을 생성할 가능성이 있다고 알려져 있다. 니트로사민은 니트로소 화합물의 일종으로 국제암연구소에서 Group 2A 또는 2B인 인체 발암 우려 물질로 분류하고 있다.

그래서 된장 중에 바이오제닉아민이 발암물질이라고 하는데 자세히 알아보자.

→ 발효 된장 중 바이오제닉아민은 인체의 소장, 간 등에 존재하는 효소작용에 의해 체내 짧은 반감기(히스타민 102초, 티라민 30여 분)를 가지며 그 분해산물은 약리적 효능 또는 독성이 없다. 다만, 체내에서 분해되기 전 짧은 시간에 아질산 이온과 결합하여 니트로사민으로 전환될 가능성은 낮은 것으로 알려져 있다.

체내(혈액, 위액, 소변 및 모유)에서는 바이오제닉아민이 니트로사민으로 변화된다는 문헌이나 보고는 없으며, 특히 바이오제닉아민과 관련된 빠른 대사 효소계를 고려하여 볼 때, 바이오제닉아민이 **니트로사민으로 전환될 가능성은 매우 낮다.**

결론적으로 바이오제닉아민이 니트로사민으로 바뀌지 않으면 바이오제닉아민은 발암성이 없다. 니트로사민이 발암물질이지 바이오제닉아민이 발암물질은 아니다.

① 2021년 식약처 연구보고서(유해물질 저감화 기반연구Ⅱ)에 의하면 된장 중 니트로사민은 거의 존재하지 않았다. 이것은 된장 중 바이오제닉아민이 니트로사민으로 전환되지 않았다는 것이다.

② 체내(혈액, 위액, 소변 및 모유)에서 바이오제닉아민이 니트로사민으로 전환될 가능성은 매우 낮다.

③ 체내 존재하는 니트로사민은 그 기원이 알려져 있지 않으며, 식품 섭취로 인한 니트로사민은 간에서 분해되어 체내에서 거의 존재하지 않는다는 사실이다(EFSA).

④ 바이오제닉아민이 체내에서 니트로사민으로 전환된다고 가정하고, 식약처(2016)에서 식품 중 바이오제닉아민을 섭취했을 경우, 위해성 평가를 했을 때도 발암 가능성은 없다고 발표하였다.

따라서, 바이오제닉아민이 함유된 된장 섭취로 인한 발암성은 없다고 보면 된다.

둘째, 된장 중 **히스타민의 안전성**에 대해 살펴보면,

된장 중 히스타민 검출량은 952mg/kg이고, 된장의 1일 섭취량(실제 섭취자 기준)은 12g이다. 히스타민의 인체노출안전기준(인체 최대무독성량, FAO/WHO)은 성인의 경우, 50mg이다.

이 된장의 히스타민 안전성을 평가해 보면,

→ 된장 섭취로 인한 히스타민 인체 노출량(된장 중 히스타민 검출량 × 된장의 1일 섭취량)은 계산하면 11.4mg이다. 이를 히스타민의 유해크기인 인체 최대무독성량(50mg)과 비교하면 **된장 섭취로 인한 히스타민의 위해크기는 22.8% 수준으로 위해 우려가 없다.** 설령, 된장을 극단적으로 보통 사람보다 2배로 많이 섭취한 사람이라고 할지라도 위해 우려는 없다. 한편, 된장의 섭취량은 1일 섭취량으로 1회 섭취량으로 하면 이보다 더 적을 수 있다. 더구나, 히스타민은 체내에서 몇 분 이내에 분해되어 사라진다. 따라서 **히스타민이 다량 검출된 된장을 먹어도 인체에는 전혀 위해가 없다.**

셋째, 된장 중 **티라민의 안전성**에 대해 살펴보면,

된장 중 티라민 검출량은 1,430mg/kg이고, 된장의 1일 섭취량(실제 섭취자 기준)은 12g이다. 티라민의 유해크기인 인체노출안전기준(인체 최대무독성량)은 1일 600mg, 모노아민옥시다아제(MAO) 억제제를 복용하고 있는 성인의 경우, 50mg이다.

이 된장의 티라민 안전성을 평가해 보면,

→ 된장 섭취로 인한 티라민의 인체 노출량(된장 중 티라민 검출량 × 된장의 1일 섭취량)은 계산하면 17.1mg이다. 이를 티라민의 유해크기인 인체 최대무독성량(600mg)과 비교하면 **된장 섭취로 인한 티라민의 위해크기는 2.8% 수준으로 위해 우려가 없다.** 모노아민옥시다아제(MAO)억제제를 복용하고 있는 경우도, 인체 최대무독성량(50mg)과 비교하면 34.2% 수준으로 위해 우려는 없다. 설령, 된장을 극단적으로 보통 사람보다 2배로 많이 섭취한 사람이라고 할지라도 위해 우려는 없다. 더구나, 티라민은 체내 반감기가 30여 분으로 체내에서 30분 정도 지나면 분해된다. **따라서 티라민이 다량 검출된 된장을 먹어도 인체에는 위해가 없다.**

결론적으로 **바이오제닉아민이 다량 검출된 된장은 발암 가능성이 없으며, 히스타민이나 티라민으로 인한 식중독이 발생할 가능성이 없는 매우 안전한 식품**이다. 간장, 고추장, 청국장의 경우도 마찬가지다.

IV

장류 중 곰팡이독소의 인체 안전성

IV

장류 중 곰팡이독소의 인체 안전성

1. 장류 섭취로 인한 아플라톡신의 인체 위해성

장류 섭취로 인한 아플라톡신의 인체 위해성(위해크기)은 『식약처의 식품의 곰팡이독소 기준 및 규격 재평가보고서 Ⅰ, Ⅱ(2018, 2021)』를 바탕으로 검토하였다.

첫째, '유해성 확인'
아플라톡신의 유해성(독성)은 **발암성과 유전독성**을 가지고 있다.

아플라톡신은 곰팡이 아스퍼질러스 플라버스(*Aspergillus flavus*)와 아스퍼질러스 파라스티쿠스(*A.parasiticus*)에서 주로 생성되는 곰팡이독소이다. 아플라톡신 중 B1은 1급 발암물질로 아플라톡신 중 독성이 강하고 발암성, 유전독성, 면역독성을 가지고 있고, 다량 섭취시 출혈 구토 설사 및 장기 손상을 유발한다.

둘째, '유해크기 결정'
아플라톡신의 유해(독성)크기는 아플라톡신이 발암성과

유전독성을 가지고 있기 때문에 일반독성을 가진 유해물질처럼 최대무독성량(NOAEL)을 90일 반복투여 독성실험으로 측정할 수 없다. 따라서 발암성과 유전독성을 갖는 유해물질은 암 발생율을 가지고 유해(독성)크기를 측정하여 $BMDL_{10}$으로 나타낸다.

아플라톡신의 유해크기인 인체노출안전기준은,
유럽연합 EFSA의 경우, $BMDL_{10}$ 0.4μg/kg bw/day이고, **우리나라의 경우, $BMDL_{10}$ 0.37 μg/kg bw/day**이다. 우리나라가 유럽연합보다 더 강한 기준을 적용하고 있다.

셋째, '인체 노출평가'

아플라톡신이 장류 중에 얼마나 함유(검출)하고 있는지 그리고 그 장류를 얼마나 먹었는지를 확인하여 총 인체에 들어온 아플라톡신의 양을 계산한다. 이게 인체의 아플라톡신 노출량 산출(노출평가)이다. 그러니까 장류를 적게 먹으면 인체에 노출되는 아플라톡신의 양도 적어진다.

식약처의 식품의 곰팡이독소 기준 및 규격 재평가보고서(2020년)에 의하면, 장류 섭취로 인한 아플라톡신의 인체 노출량(8.01×10^{-6}μg/kg bw/day)은 모든 식품 섭취로 인한 아플라톡신 인체 노출량(0.003μg/kg bw/day)의 2.66%로 낮은 수준이었다.
한편, 우리 국민의 아플라톡신의 인체 총 노출량에 차지하는 **장류의 노출 기여율은 전체 식품 중 5.13%로 큰 영향을 미치지는 않았다.**
즉, 장류 섭취로 인하여 아플라톡신이 인체 들어오는 양은 그리 많지 않다는 것이다.

넷째, '인체 위해크기 결정'

아플라톡신이 검출된 장류를 먹었을 때, 과연 인체의 건강에 해를 끼치는지를 판단하기 위하여 아플라톡신의 인체 노출량을 아플라톡신의 유해(독성)인 인체노출안전기준과 비교하여 위해 여부를 판단한다.

식약처의 식품의 곰팡이독소 기준 및 규격 재평가보고서(2020년)에 의하면, 모든 식품 섭취를 통한 아플라톡신의 인체 위해크기는 노출안전역(MOE)가 7,144라고 발표하였다. **장류만 섭취할 경우** 아플라톡신의 인체 위해 수준은 **노출안전역(MOE)이 46,168**로서 특별히 **안전관리를 할 만한 수준은 아니었다.** 하지만 장류는 아플라톡신의 기준을 설정하여 이미 안전관리를 하고 있다.

2. 장류 중 아플라톡신의 인체 위해수준

1) 우리나라 장류 중 곰팡이독소인 아플라톡신의 오염은 어느 정도인가

식약처의 식품의 곰팡이독소 기준 및 규격 재평가보고서에 의하면, 2016년부터 2020년까지 식약처에서 장류 중 아플라톡신을 검사한 결과, 장류에서 검출률은 최대 0.5%이고 부적합은 없었다.

식약처의 식품의 곰팡이독소 기준 및 규격 재평가보고서(2021)에 의하면, 2016년부터 2020년까지 우리나라 전 지역에 거쳐 식품 402품목 8,875건을 검사한 결과, 총 아플라톡신이 검출된 식품의 비율은 0.21%(19건)이고, 평균 오염도는 0.016μg/kg이었다. 그중에서 장류는 206건 중 1건(된장, 3.82μg/kg)만 검출되었으며, 검출률은 0.5%였다.

결국, 시장에 유통 중인 장류는 심각할 정도로 아플라톡신이 오염되어 있지 않다는 것이다.

총 아플라톡신, 아플라톡신 B1 검출 식품의 평균 오염도

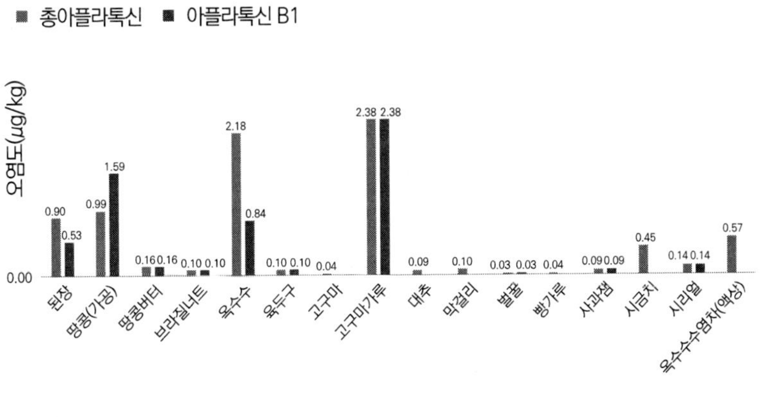

2) 장류 섭취로 인한 아플라톡신의 인체에 노출량은 어느 정도인가

식약처의 식품의 곰팡이독소 기준 및 규격 재평가보고서에 의하면, 장류 섭취로 인한 아플라톡신의 인체 노출량(8.01 x 10^{-6}μg/kg bw/day)은 모든 식품 섭취로 인한 아플라톡신 인체 노출량(0.003μg/kg bw/day)의 2.66%로 낮은 수준이었다.

식약처의 식품의 곰팡이독소 기준 및 규격 재평가보고서(2020)에 의하면, 식품 섭취로 인한 총 아플라톡신의 인체 노출량은 0.003μg/kg bw/day이다. 그중에서 장류 섭취로 인한 총 아플라톡신의 인체 노출량은 8.01 × 10-6μg/kg bw/day이다. **장류는 모든 식품 섭취로 인한 아플라톡신의 총노출량(먹는 양)의 2.66% 수준이다.**

한편, 우리 국민의 아플라톡신의 인체 총 노출량에 차지하는 **장류의 노출 기여율은 전체 식품 중 5.13%이었다.**

결국, 장류는 아플라톡신이 인체에 축적되는 전체 양에 그다지 영향을 미치지 않는다는 것으로 위해 영향이 그다지 크지 않다는 것이다.

총 아플라톡신 식품군별 노출 점유율(%)

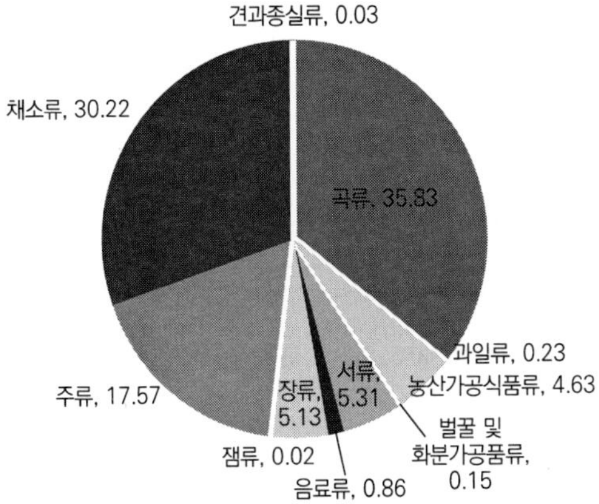

3) 장류 섭취로 인한 아플라톡신의 인체 위해수준은 어느 정도인가

장류만 섭취할 경우 아플라톡신의 인체 위해수준은 노출안전역(MOE)이 46,168로서 매우 안전한 수준이다. 특별히 안전관리를 할 만한 수준은 아니다.

모든 식품 섭취를 통한 아플라톡신의 인체 위해수준은 노출안전역(MOE)이 7,144로서 안전한 수준이나, 안전관리가 필요한 수준이라고 하였다.

일반적으로 노출안전역(MOE) 10,000 이하면 안전관리가 필요하다고 보고 있다. 이 정도의 아플라톡신 위해 수준은 이미 안전관리를 하고 있기 때문에 안전하다고 볼 수 있다. 우리나라는 식품 섭취로 인한 아플라톡신의 인체 노출량을 줄이기 위하여 식품 중(노출기여율이 큰 식품 위주)에 아플라톡신 기준을 설정하여 관리하고 있다.

MOE = $BMDL_{10}$/노출량 = 1(10,000)

→ 10,000 이하면 위해관리 대상

* (10,000): 불확실성 계수(10×10), 추가적 불확실성(10×10): $BMDL_{10}$과 인간의 셀 사이클(cell cycle control) 및 DNA 수선(DNA repair)에 있어서의 개인차에 추가로 기본 계수

그러나 장류만 섭취할 경우 아플라톡신의 인체 위해수준은 노출안전역(MOE)이 46,168로서 매우 안전한 수준이다. 특별히 안전관리를 할 만한 수준은 아니다.

4) 우리나라는 유럽연합에 비교하면 아플라톡신의 인체 노출수준은 어느 정도인가

우리나라 식품섭취로 인한 아플라톡신의 인체 위해수준은 유럽과 비교할 때 인체 노출수준이 60%에 불과하였으며, 안전한 수준이었다.

우리나라는 식품 섭취로 인한 아플라톡신 노출량은 유럽에 비하여 낮은 수준으로 안전하다고 볼 수 있다. 더구나, 장류 섭취로 인한 아플라톡신의 위해 영향은 아주 미미하다는 사실이다.

우리나라 정부(식약처)의 발표에 의하면 **"우리나라 식품섭취로 인한 아플라톡신의 인체 위해수준은 안전하며, 유럽과 비교할 때 인체 노출수준이 60%에 불과해 안전한 수준이다."라고 하였다.**

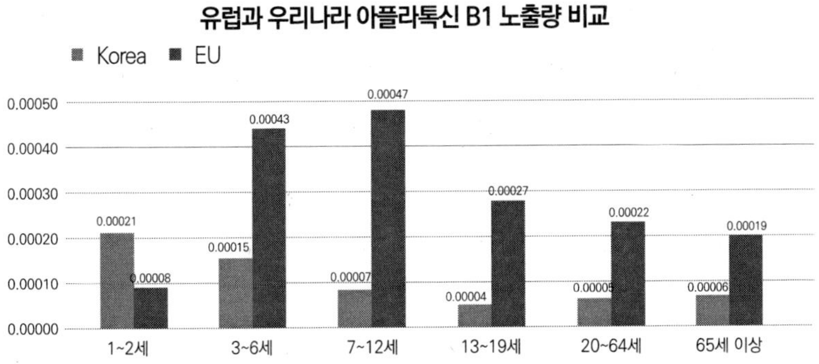

5) 한식 장류 섭취로 인한 아플라톡신의 인체 위해 영향은 미미하다

정부(식약처) 발표(2021년)에 의하면 장류는 전체 식품 섭취로 인한 아플라톡신 위해수준의 5.13%밖에 영향을 미치지 않는다. 주로 곡류(35.83%), 채소류(30.22%), 주류(17.57%), 서류(5.31%), 장류(5.13%) 순으로 영향을 미친다. **장류 섭취**로 인한 아플라톡신의 인체 노출은 **인체 위해에 크게 영향을 미치지 않는다는 것이다. 따라서 장류로 인한 아플라톡신의 인체 위해는 그렇게 걱정하지 않아도 된다.**

설령, 같은 농도의 아플라톡신이 장류와 곡류에서 검출되었다 하더라도, 섭취하는 양이 장류가 곡류보다 훨씬 적기 때문에, 인체에 미치는 위해 영향은 장류가 곡류보다 크지 않다.

예를 들어, 된장에서 아플라톡신이 10μg/kg이 검출되었고, 막걸리에서 된장보다 10배 낮은 1μg/kg이 검출되었다면 이들 두 식품이 인체에 미치는 아플라톡신의 위해 영향은 어떻게 될까?

→ 된장 섭취자의 1일 섭취량이 약 12g(일반적 된장 섭취자의 평균 섭취량)이고, 막걸리 섭취자의 1일 섭취량이 1병(750ml)이라고 가정한다면 이들의 아플라톡신으로 인한 인체에 대한 영향은 오히려 막걸리가 된장보다 6.25배 더 미친다. 만약 막걸리를 반병 먹었다 하더라도 막걸리가 된장보다 2.7배나 더 영향을 미친다.

이것은 **유해물질인 아플라톡신이 식품을 통하여 인체에 들어오는 양은 모든 식품을 통하여 들어온다. 이 식품 중 장류는 특히, 된장은 섭취량이 적기 때문에 된장에 아플라톡신이 오염되었다고 할지라도 인체에 들어오는 양(노출량)은 많지 않다.**

하지만, 아플라톡신은 강력한 발암물질이라서 식품 중에 될 수 있는 한 최소화해야 한다. 따라서 일부 된장에서 가끔 검출되는 아플라톡신은 관리되어야 하며, 이는 충분히 관리가 가능한 부분이다.

6) 장류 중 간장, 고추장, 청국장은 아플라톡신을 걱정할 필요가 없다

전통발효 장류 중 된장을 제외하고는 간장, 고추장, 청국장의 경우 아플라톡신의 검출은 거의 되지 않는다. 검출되더라도 그 양은 매우 미미하다.

장류 중 아플라톡신은 메주에서 유래되는데, 된장은 메주가 주원료이며, 메주의 아플라톡신 중 70% 이상이 된장으로 이행된다.

전통발효 장류 중 된장을 제외하고는 간장, 고추장, 청국장의 경우 아플라톡신의 기준에 부적합한 적이 없다. 설령 검출되더라도 그 양이 아주 미미하다. 왜냐하면 아플라톡신은 메주에서 비롯된다. 메주의 대부분은 된장으로 가고, 간장은 그 추출물에 불과하다. 그리고 청국장은 메주를 사용하지 않고 발효 기간도 짧다. 고추장의 경우도 메주를 사용하지 않거나 사용하더라도 소량 사용할 뿐이다. 따라서 이들은 아플라톡신으로 걱정할 필요는 없다.

3. 장류 중 오크라톡신의 인체 위해수준

1) 장류 섭취로 인한 오크라톡신의 인체 위해성

장류 섭취로 인한 아플라톡신의 인체 위해성(위해크기)은 『식약처의 식품의 곰팡이독소 기준 및 규격 재평가보고서 Ⅱ(2021년)』를 바탕으로 검토하였다.

첫째, '유해성 확인'

오크라톡신 A는 푸른곰팡이(*Penicillium verrucosum*) 및 몇몇 누룩곰팡이(*Aspergilli sp*)에 의해 생성되는 진균 생성물이다. 아스퍼질러스 오크라세우스(*Aspergillus ochraceus*)는 가장 중요한 오크라톡신 A 생성 미생물이다.

오크라톡신 A의 유해성은 신장 장애를 일으키는 맹독성의 곰팡이독소로 세계보건기구에서는 발암 가능성이 있는 물질로 분류하고 있다. 주로 비뇨기계에 작용하여 신장암 등을 유발하고, 신장 및 간장에 치명적인 손상을 주는 독소로 알려져 있다.

둘째, '유해크기 결정'

오크라톡신 A의 유해(독성)크기는 오크라톡신 A가 발암성(신장암)과 유전독성을 가지고 있기 때문에 일반독성을 가진 유해물질처럼 최대무독성량(NOAEL)을 90일 반복투여 독성실험으로 측정할 수 없다. 따라서 오크라톡신 A의 유해(독성)크기는 발암 발생률을 가지고 유해(독성)크기를 측정하여 $BMDL_{10}$으로 나타낸다.

오크라톡신 A의 유해크기인 인체노출안전기준은
우리나라의 경우, BMDL$_{10}$ 14.9μg/kg bw/day이다.

셋째, '인체 노출평가'

오크라톡신 A가 장류 중에 얼마나 함유(검출)하고 있는지 그리고 그 장류를 얼마나 먹었는지를 확인하여 총 인체에 들어온 오크라톡신의 양을 계산한다. 이게 인체의 오크라톡신 노출량 산출(노출평가)이다. 그러니까 장류를 적게 먹으면 인체에 노출되는 오크라톡신의 양도 적어진다.

식약처의 식품의 곰팡이독소 기준 및 규격 재평가보고서(2021년)에 의하면, 장류 섭취로 인한 오크라톡신 A의 인체 노출량(1.71 x $10^{-6}\mu$g/kg bw/day)은 모든 식품 섭취로 인한 오크라톡신 인체 노출량(3.1 × $10^{-5}\mu$g/kg bw/day)의 5.48%로 낮은 수준이었다.
즉, 장류 섭취로 인하여 오크라톡신 A가 인체 들어오는 양은 미미하다는 것이다.

넷째, '인체 위해크기 결정'

오크라톡신 A가 검출된 장류를 먹었을 때, 과연 인체의 건강에 해를 끼치는지를 판단하는 과정으로 위해평가이다. 장류를 먹었을 때, 오크라톡신 A의 인체 노출량을 오크라톡신 A의 유해(독성)인 인체노출안전기준과 비교하여 위해 여부를 판단한다.

식약처의 식품의 곰팡이독소 기준 및 규격 재평가보고서(2021년)에 의하면, 모든 식품 섭취를 통한 오크라톡신의 인체 위해크기는 노출안전역(MOE)가 477,743이라고 발표하였다.
그중 장류 섭취로 인한 오크라톡신 A의 인체 위해수준은 노출안전역(MOE)이 8,714,792로서 매우 안전한 수준으로 안전관리를 할만한 수준은 아니었다. 하지만 장류의 원료인 메주에 대하여 오크라톡신 기준을 20μg/kg 이하로 관리하고 있다.

2) 우리나라 장류 중 오크라톡신의 오염은 어느 정도인가

식약처의 식품의 곰팡이독소 기준 및 규격 재평가보고서(2021)에 의하면, 2016년부터 2020년까지 우리나라 전 지역을 거쳐 430품목 9,177건을 검사한 결과, 오크라톡신 A는 11개 품목이 검출되었고, 평균 오염도는 0.011μg/kg이었다.

오크라톡신 A 검출 식품의 평균 오염도

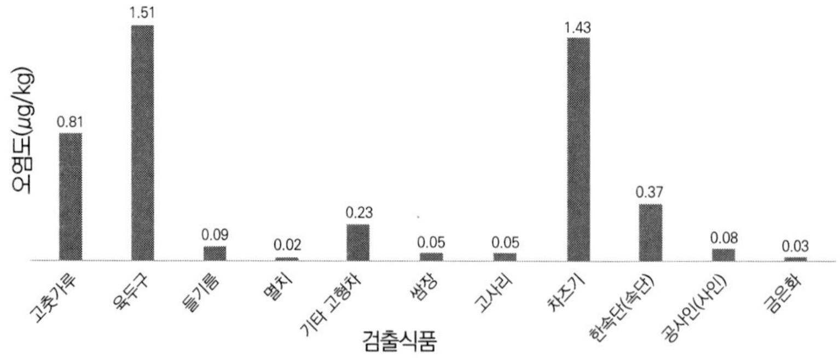

3) 장류 섭취로 인한 오크라톡신 A의 인체에 노출량은 어느 정도인가

장류 섭취로 인한 오크라톡신 A의 인체 노출량(1.71 × $10^{-6}\mu g/kg$ bw/day)은 모든 식품 섭취로 인한 오크라톡신 인체 노출량(3.1 × $10^{-5}\mu g/kg$ bw/day)의 5.48%로 낮은 수준이었다.

식약처의 식품의 곰팡이독소 기준 및 규격 재평가보고서(2021)에 의하면, 전체 식품 섭취로 인한 오크라톡신의 인체 노출량은 3.1 × $10^{-5}\mu g/kg$ bw/day이었다.

그중 장류 섭취로 인한 오크라라톡신의 인체 노출량은 1.71 × $10^{-6}\mu g/kg$ bw/day로 하루에 성인(60kg)의 경우 아플라톡신을 0.000102μg을 먹고 있다는 의미이다.

장류 섭취로 인한 오크라톡신의 인체 노출량은 전체 식품 섭취로 인한 오크라톡신의 인체 노출량의 5.48% 수준이다.

4) 장류 섭취로 인한 오크라톡신의 인체 위해수준은 어느 정도인가

장류 섭취로 인한 오크라톡신은 인체 위해수준은 매우 안전하였다.

전체 식품 섭취로 인한 오크라톡신의 위해수준인 노출안전역(MOE)은 477,743으로서 매우 안전한 수준이었다. 그중 장류 섭취로 인한 오크라톡신의 인체 위해수준은 노출안전역(MOE)이 8,714,792로서 매우 안전한 수준으로 안전관리를 할만한 수준은 아니었다. 하지만 장류의 원료인 메주에 대하여 오크라톡신 기준을

20μg/kg 이하로 관리하고 있다. 참고로, 일반적으로 노출안전역이 10,000 이하이면 안전관리가 필요하다고 보고 있다.

5) 한식 장류 섭취로 인한 오크라톡신의 위해 영향은 매우 미미하다

우리나라 식품섭취로 인한 오크라톡신의 인체 위해수준은 안전하며, 유럽과 비교할 때 매우 미미한 수준이다.

우리나라 정부(식약처)의 발표(2021)에 의하면 "우리나라 전체 식품 섭취로 인한 오크라톡신의 인체 위해수준은 안전하며, 유럽과 비교할 때 인체 노출수준이 매우 미미한 수준이다."라고 하였다.

우리나라는 식품 섭취로 인한 오크라톡신 A의 노출량이 유럽에 비하여 매우 낮은 수준으로 안전하다고 볼 수 있다. 더구나, 더 해석하면 장류 섭취로 인한 오크라톡신의 위해 영향은 거의 없다고 보면 된다.

유럽과 우리나라의 오크라톡신 노출량 비교

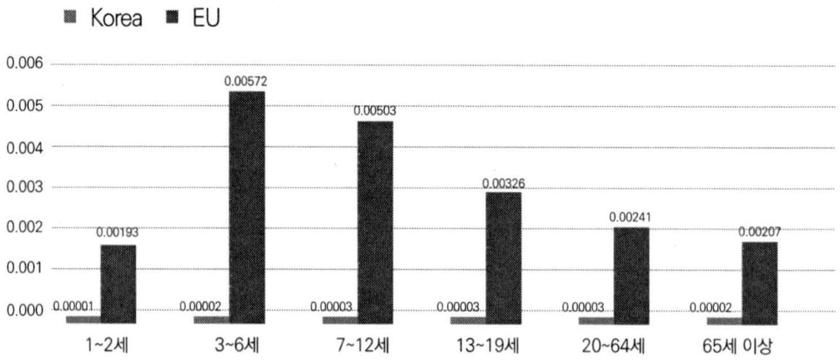

4. 전통 발효 장류는 곰팡이 독소의 발암성으로부터 안전하다

정부(식약처) 발표(2021년)에 의하면, 식품 섭취로 인한 아플라톡신은 인체에 암을 일으킬 만한 수준이 아니다. 그중에서도 장류는 전체 식품 섭취로 인한 아플라톡신 위해 수준의 5.13%밖에 영향을 미치지 않는다. 따라서, **장류 섭취로 인한 아플라톡신의 인체 노출은 인체 위해에 그다지 영향을 미치지 않는다는 것이다.**

하지만, 아플라톡신은 강력한 발암물질이라서 식품 중에 될 수 있는 한 최소화해야 한다. 따라서 일부 된장에서 가끔 검출되는 아플라톡신은 관리되어야 하며, 이는 충분히 관리가 가능한 부분이다.

오크라톡신 A의 경우, 전체 식품 섭취로 인한 인체 위해 수준이 매우 안전하며, **장류 섭취로 인한 오크라톡신 A의 위해 영향은 걱정할 필요가 없다.**

V

맛있고 안전한 전통 한식된장 만들기

V

맛있고 안전한 전통 한식된장 만들기

우리나라 전통 장은 된장, 간장, 고추장 같은 발효 장류로 식생활의 근간을 이루는 중요한 식품이다. 옛 전통 장의 제조는 과학적 과정이었다. 발효와 숙성 중에 유해물질은 분해되고, 맛과 기능성은 향상된다. 전통 장류 역사는 천여 년을 이어 왔으며, 그사이 과학은 발전하고, 기후와 초가집 등 제조환경은 많이 변했다. 그러나, 전통 장류 제조방식은 그대로 유지되고 있다. 이로 인한 제조환경 변화 등으로 인하여 유해물질이 생성되는 등 장류의 안전성이 위협받고 있다. 우리나라의 '**장 담그기 문화**(Knowledge, beliefs and practices related to jang-making in the Republic of Korea)'는 **유네스코 인류무형유산**으로 등재되었다(2024. 12.). 장 담그기 문화는 이제 세계 인류가 인정하는 전통문화 자산이 되었다. **이제 장 담그기(가 그) 문화에 걸맞게 장이 식품으로서 완벽하게 되기 위해서는 제조 방법(만들기)이 더욱 과학적일 필요가 있다.**

유네스코 인류무형유산인 우리나라 '**장 담그기 문화**'에 대하여 소개한 글의 일부이다. '전통 장 담그기'에 대하여 기술한 내용이다.

"타작해 거둬들인 콩을 삶아 메주를 만들고, 이를 깔아 놓은 지푸라기 위에 놓으면 며칠이 지나면 마른다. 말린 메주를 간 짚을 그대로 이용하거나, 새끼를 꼬아 메주의 네 측면을 세로로 묶어 걸고 처마 밑에 매달아 두 달 정도 둔다. 메주가 마르기 시작하면 마른 부분이 수축돼 금이 가면서 표면적이 늘어난다.

이렇게 늘어난 표면에서 표면 발효가 일어나 메주가 훨씬 잘 뜨기 시작한다. 지푸라기에서 나오는 바실루스균과 처마 밑 공기 중에 있는 아스페르길루스 곰팡이가 발효에 있어 큰 역할을 한다. 정월 대보름이 지나면 맹추위도 어느 정도 지나고 밤과 낮의 온도 차도 크게 나지 않을 때 잘 뜨인 메주를 꺼내 독에 넣고 적당한 소금(천일염)을 뿌려 장을 담근다. 담근 장을 두서너 달 두면 액상발효가 일어나고 발효미생물에서 다양한 효소가 나와 펩타이드나 아미노산, 이소플라보노이드 등을 만들면서 맛있는 장이 된다.

보통 정월에 장을 담근다. 이를 정월장이라 한다. 중부나 북부는 좀 늦는데 정월을 지나 담그기도 한다. 과학적으로 보면 날씨가 너무 추우면 발효가 충분히 일어나지 않을 우려가 있고, 너무 더워지면 발효균보다 부패균이 더 자랄 수 있기 때문일 것이다. 소금의 양도 장의 품질에 결정적이다. 너무 적으면 쉽게 쉬어버리고 메주가 아래로 가라앉아 서로 엉겨 붙어 효소작용이 골고루 일어나지 않는다. 너무 짜면 메주가 위로 떠서 엉키고 원하는 효소작용이나 발효가 일어날 수 없다. 우리 현명한 조상들은 이 소금 농도를 달걀을 띄워 맞추기도 했다."

* 출처: 동아일보, '장 담그기'의 유네스코 세계무형문화재 등재를 축하하며[권대영의 K푸드 인문학], 2025. 01. 09.

1. 장류 중 발암물질인 곰팡이독소는 메주로부터 온다

된장 중 아플라톡신 등 곰팡이독소는 메주에서 기인한다. 메주를 곰팡이독소가 생성되지 않도록 잘 관리하면, 장류는 발암물질인 곰팡이독소로부터 안전할 수 있다.

유통 중인 된장은 저장과 유통 중에 곰팡이가 성장하지 못한다. 된장은 수분함량이 약 55%이고 염도가 약 14% 수준으로 곰팡이의 생육조건에 부합하지 않는다.

따라서 된장의 숙성/저장/유통 중에 곰팡이독소의 생성 가능성은 낮다.

아래 표는 1년 숙성된 된장을 저장(40°C, 4주간)하면서 다양한 균주의 생육을 관찰한 것인데 곰팡이는 검출되지 않았다(13). 또한 된장의 저장/숙성 중 곰팡이는 오히려 감소하였다(22).

된장의 저장 중 미생물이 생육 변화(13)

(Unit : log CFU/g)

		Incubation time at 45°C (weeks)				
Samples	Microbes	0	1	2	3	4
Normal	Total viable counts[1]	8.61[3]	8.34	7.90	7.79	7.66
S1		7.68	7.64	7.45	7.31	7.20
S2		5.90	5.40	5.00	4.95	4.78
S3		8.20	7.95	7.15	6.70	6.30
Normal	Yeast & Mold	ND[4]	ND	ND	ND	ND
S1		ND	ND	ND	ND	ND
S2		ND	ND	ND	ND	ND
S3		ND	ND	ND	ND	ND
Normal	Coliforms	ND	ND	ND	ND	ND
S1		ND	ND	ND	ND	ND
S2		ND	ND	ND	ND	ND
S3		ND	ND	ND	ND	ND
Normal	Acid producing microbes[2]	8.53	8.26	7.79	7.73	7.51
S1		7.60	7.58	7.43	7.30	7.20
S2		5.90	5.26	4.95	4.78	4.70
S3		7.15	7.08	6.78	6.48	6.30

[1]Total viable counts: PCA, [2]Acid producing microbes: BCP, [3]Mean value of 5 samples, [4]Not Detected

된장의 숙성/저장 중 미생물 변화(22)

Contents	Aging period (day)	Gyeongnam traditional *doenjang* (Log CFU/g)						
		GD1[1)]	GD2	GD3	GD4	GD5	GD6	GD7
Total microbial count	0	$9.13\pm0.08^{Aa2)}$	8.89 ± 0.07^{Bb}	8.73 ± 0.05^{Bb}	5.61 ± 0.04^{Db}	8.88 ± 0.18^{Bb}	8.72 ± 0.14^{Ba}	8.38 ± 0.12^{Ca}
	30	9.11 ± 0.06^{Aa}	8.81 ± 0.15^{Bb}	8.76 ± 0.12^{Bb}	5.20 ± 0.09^{Dc}	8.93 ± 0.18^{ABab}	8.84 ± 0.11^{Ba}	8.23 ± 0.18^{Ca}
	90	9.03 ± 0.10^{Aa}	9.08 ± 0.04^{Aa}	8.96 ± 0.14^{Aa}	5.93 ± 0.03^{Da}	8.96 ± 0.04^{Aab}	8.78 ± 0.15^{Ba}	8.17 ± 0.06^{Ca}
	210	9.04 ± 0.03^{Ba}	9.24 ± 0.06^{Aa}	8.86 ± 0.01^{Cab}	4.91 ± 0.06^{Ed}	9.18 ± 0.10^{Aa}	8.78 ± 0.03^{Ca}	8.25 ± 0.03^{Da}
Fungus	0	4.57 ± 0.08^{Da}	4.96 ± 0.02^{Ba}	4.65 ± 0.08^{CDb}	3.23 ± 0.10^{Fb}	4.71 ± 0.12^{Ca}	5.69 ± 0.02^{Ac}	3.59 ± 0.03^{Ea}
	30	2.43 ± 0.06^{Fb}	4.79 ± 0.02^{Bb}	3.19 ± 0.04^{Ed}	3.76 ± 0.09^{Ca}	3.61 ± 0.06^{Db}	6.05 ± 0.03^{Aa}	3.52 ± 0.07^{Da}
	90	2.37 ± 0.04^{Eb}	4.49 ± 0.04^{Cc}	5.12 ± 0.04^{Aa}	0.00 ± 0.00^{Fc}	2.72 ± 0.05^{Dc}	4.74 ± 0.06^{Bd}	0.00 ± 0.00^{Fb}
	210	0.00 ± 0.00^{Cc}	0.00 ± 0.00^{Cd}	3.62 ± 0.06^{Bc}	0.00 ± 0.00^{Cc}	0.00 ± 0.00^{Cd}	5.82 ± 0.07^{Ab}	0.00 ± 0.00^{Cb}

메주에서 생성된 아플라톡신은 70% 이상이 그대로 된장으로 이행되며, 간장으로는 미미한 수준으로만 이행된다.

따라서 된장 중 아플라톡신 등 곰팡이독소는 메주에서 기인한다. 이것은 메주를 곰팡이독소가 생성되지 않도록 잘 관리하면, 장류 중 곰팡이독소로부터 안전할 수 있다는 것이다.

2. 장류 중 왜 한식된장만 아플라톡신이 다량 검출되는가

장류 중 된장은 메주가 주원료이며, 메주의 아플라톡신 중 대부분이 된장으로 이행된다. 재래식 한식 메주는 삶은 콩과 볏짚을 가지고 자연환경(계절적 온도관리에 의존)에서 제조하다 보니 다양한 균에 노출되어, 일부는 아플라톡신을 생성하는 *Asp. parasiticus* 균에 오염될 가능성이 높다(14). 반면 개량식 양조된장은 특정 균만을 사용하고 일정한 제조환경에서 제조되기 때문에 잡균의 오염이 없어 아플라톡신이 생성되지 않는다.
따라서, 메주가 잡균(*Asp. parasiticus* 등)에 오염되지 않도록 제조환경을 관리하는 것이 중요하다.

우리 전통 한식 메주는 콩을 삶아 성형한 후 짚(볏짚)으로 싸서 자연환경에서 초가지붕 처마에 매달아 발효시키는 방식으로 만들어 왔다. 그러나 이러한 과정에서 자연에서 잡균에 의해 오염되는 경우가 많다. 그중 아플라톡신을 생성하는 *Asp. parasiticus* 균이 번식할 수밖에 없다.

따라서 재래식 한식 메주는 종종 아플라톡신이 오염될 수밖에 없는 실정이다. 특히, 요즘은 초가지붕에서 내려오는 미생물이 사라지고, 오로지 볏짚만으로 메주를 제조하는 방식이 주를 이루고 있다. 게다가 초가지붕이 없어지면서 온도 환경도 달라졌고, 기후변화로 온난화가 진행되면서 메주 제조환경이 많이 변했다. 이로 인해 메주에 잡균이 번식할 가능성이 커지고, 아플라톡신의 생성은 증가할 수밖에 없다.

한식된장은 한식 메주를 주원료로 사용하기 때문에, 아플라톡신에 오염된 메주에서 아플라톡신이 이행된다. 그러나 개량식 양조된장은 메주를 사용하지 않고 삶은 콩에 특정 미생물만을 사용하여 잡균의 오염을 막고 발효시키기 때문에 아플라톡신으로부터 안전하다. 이제는 한식 메주도 아플라톡신으로부터 안전한 과학적인 제조 방법이 필요한 시점이다.

3. 최근 한식된장 중에 아플라톡신의 검출률과 부적합이 증가하고 있는 이유는

첫째, 된장 중에 아플라톡신의 기준 초과가 최근 들어 증가하고 있는 것은 초가집 등 가정의 환경변화, 기후변화 등으로 인한 메주 제조환경이 달라졌기 때문일 것이다.

우리 전통 방식 메주(한식메주)는 콩을 삶아 성형한 후 볏짚으로 묶어 흙벽이 있는 초가지붕 처마에 매달아 발효시켜 만들었다. 그러나 지금은 초가지붕과 흙벽에서 내려오는 미생물이 사라졌고, 오로지 볏짚만을 사용하여 메주를 만들고 있다. 거기다가 초가지붕과 흙벽이 없어지면서 온도 등 제조환경도 달라졌고 온난화로 인한 기후변화도 한몫하고 있다.

둘째, 옛날 우리 조상들은 된장을 담그면 1년을 묵혀서(숙성) 먹었다. 지금은 많은 사람들이 햇된장을 냉장고에 보관하면서 먹고 있다. 옛 조상들은 왜 햇된장을 놔두고 묵은 된장을 먹었을까? 옛 조상들은 맛과 안전성을 고려했을 것이다. 그것이 수천 년 전, 경험에 의한 슬기로운 과학이었을 것이다. 된장, 김치, 젓갈 등 발효식품은 모두 묵혀서 잡균, 잡냄새, 유해물질 등을 없애고, 유용한 균이 많아져서 발효의 본질이 잘 완성된 식품만을 먹었다. 그러나 지금은 그해에 메주를 만들고 된장을 담가서 그해부터 먹는다. 그러다 보니 아플라톡신 등 유해 오염물질이 분해되지 않은 된장을 먹는 것이다.

식약일보
http://www.kfdn.co.kr › ...

제봉골 메주 된장, 아플라톡신 기준 초과

2020. 10. 8. — **아플라톡신 기준**을 **초과**한 국내제조 '**된장**'이 당국으로부터 회수 조치된다. 식품의약품안전처(처장 이의경)는 식품제조가공업체인 제봉골메주 ...

베이비뉴스
https://www.ibabynews.com › news › articleView

한식된장 33개 제품에서 아플라톡신 기준 초과 검출

2020. 10. 23. — 이번 수거·검사는 한식 **된장**·메주의 **아플라톡신** 오염 여부를 조사하던 중에 **기준**을 **초과**하는 사례가 발생하여 해당 업체에서 생산된 제품의 안전성을 확인 ...

연합뉴스
https://www.yna.co.kr › 최신기사

발암물질 '아플라톡신' 기준 초과한 된장 판매 중단·회수

2021. 4. 15. — 세계보건기구(WHO) 산하 국제암연구소(IARC)는 **아플라톡신**을 인체 발암물질로 분류하고 있는데, 과다 복용할 경우 간에 손상을 일으킬 수 있다고 알려져 ...

식품저널 foodnews
https://www.foodnews.co.kr › news › articleView

[식품안전 365] 아플라톡신 기준 초과 한식된장 회수

2021. 7. 30. — 식품의약품안전처(처장 김강립)는 주식회사 상촌식품(경기 용인시)이 제조 · 판매한 웃말전통**된장**(식품유형: 한식**된장**)에서 **아플라톡신**이 기준치(B1, ...

4. 지난 2020년, 한식된장 33개 제품은 왜 아플라톡신의 기준을 초과했을까

재래식 된장에 이런 일이…33개 제품서 발암물질

2020. 10. 23. — … **된장**한식 **된장** 제품 33개에서 1급 발암물질인 **아플라톡신**이 기준치 이상으로 검출됐다. 대표적 1급 발암물질인 **아플라톡신**은 곡류나 콩류에 곰팡이가 …

식품의약품안전처는 2020년 9월에서 10월 사이에 **한식된장 517개 제품을 수거하여 검사한 결과, 한식된장 33개 제품**에서 **아플라톡신이 기준**을 **초과**하여 **검출**됐다고 하였다. 그리고 33개 부적합 제품 중 **32개 제품은 유통·판매되지 않았으며**, 유통·판매 중인 제품은 1개 제품뿐이었다고 발표하였다.

* 출처: 조선일보, 재래식 된장에 이런 일이...33개 제품서 발암물질, 2020. 10. 23.

아플라톡신 기준을 초과한 한식된장의 숙성기간을 분석한 결과, **33개 부적합 제품 중 제조된 지 3개월 미만은 29개 제품**, 3개월 이상 6개월 미만은 3개 제품, 6개월 이상은 1개 제품이었다.

결국, 1개 제품을 제외하면 모두 6개월 미만 제품으로 아직 숙성되지 않은 제품들이다. 6개월 이상 숙성시켰다면 아플라톡신은 분해과정을 거치면서 기준치 이하였을 지도 모른다. 이것이 된장은 제조 시 6개월 이상 숙성시켜야 안전하다는 방증일 수 있다. 앞서 설명했듯이 된장 중 아플라톡신은 숙성하는 과정 중에 다양한 균에 의하여 분해된다고 알려져 있다.

33개 제품 중 32개 제품은 유통되지 않았다고 한다. 당연히 제조한 지 3개월도 지나지 않았기 때문에 유통되지 않았던 것이다. 결국, 숙성 중인 된장, 즉, 제조과정 중에 있는 제품을 수거했을 수 있다. 만약에 숙성이 완료된 된장을 검사하였다면 아플라톡신 부적합은 훨씬 더 낮았을 가능성이 높다.

따라서 된장 제조업체는 제조 6개월 미만의 된장은 유통시켜서는 안 된다. 최소한 6개월 동안 숙성시켜야만 완전한 된장 제품이 될 수 있다.

5. 된장 중 아플라톡신은 숙성하는 과정에서 다양한 균에 의해 분해된다

부산대 박건영 교수는 한식된장의 제조 중 아플라톡신 생성에 관한 연구에서, *Asp. parasiticus*의 메주 오염에 의해 아플라톡신이 생성되며, 메주-소금물 혼합물의 3개월 숙성 기간 중 메주에 존재했던 아플라톡신은 거의 파괴되었다(85~100%)고 보고하였다. 결국 자연 발효 중 아플라톡신의 생성은 *Asp. parasiticus*에 오염된다면 생길 수도 있으나 숙성 과정 중 대부분의 아플라톡신이 파괴될 가능성이 있다고 하였다(14).

메주 - 물 혼합물 숙성시는 1개월 숙성 후 대부분의 toxin (95 - 100%) 이 파괴 되었다. 결국 자연 발효중 AF 생성은 균이 오염 된다면 생길 수도 있으나 숙성 과정 중 대부분의 AF이 파괴될 가능성이 있다. 소금물에서 숙성시 대부분의 toxin이 메주(된장)에 존재하고 잔존율이 B_1이 높기 때문에 만약 AF이 메주에서 생성된다면 미량 일지라도 주로 AF B_1 이 된장에 오염될 가능성은 있다고 보겠다.

또한 박건영 교수는 1988년 발표한 논문에서 아플라톡신이 생성된 메주를 이용하여 실제 **된장을 제조한 후 3개월간 숙성하여 분석한 결과 아플라톡신이 63% 파괴되었다고 하였다.**

논문에 의하면 메주에서 *Bacillus subtilis* 균주뿐만 아니라 *Bacillus licheniformis* 균주 등은 아플라톡신을 제어하는 것으로 알려져 있다(15~19).

이렇듯 메주에 있는 다양한 균에 의하여 된장 숙성 중에 아플라톡신은 분해될 수 있다는 것이다.

된장의 원료인 재래식 메주의 발효 과정에는 자연 미생물이 관여하기 때문에 다양한 미생물이 존재한다. 이들 중에는 아플라톡신을 분해하는 미생물도 있다.

메주와 된장의 발효에 관여하는 초기 미생물학 연구에서는 높은 amylase와 protease활성을 보유한 *Bacillus* 속과 *Aspergillus oryzae*가 발효에 주요한 역할을 하는 것으로 보고되었다(Kim etal., 2006). 그러나 배양 비의존적 방법을 사용한 박테리아 군집 분석 연구에 따르면 *Bacillus* 속 외에도 유산균(lactic acid bacteria, LAB)과 포도상구균(coagulase- negative-staphylococci(CNS)) 등 다양한 박테리아가 발효에 관여하는 것으로 나타났다(Nam etal., 2012). 또한 배양법을 이용한 된장 숙성과정 중의 미생물 군집 분석에서도 *Bacillus*와 *Staphylococcus* 속 박테리아는 메주에서 된장까지의 발효 전 과정에 관여하며, *Enterococcus* 속 유산균은 메주의 발효에, *Tetragenococcus* 속 유산균은 된장의 발효에 관여하는 것으로 나타났다(Jeong etal., 2014).

전통 된장의 숙성에 관여하는 유익균은 *Aspergillus oryzae, B. subtilis* 등으로, 다양한 미생물이 복합적으로 작용하여 된장의 맛과 향이 결정되기 때문에 (Park, 1992) 된장의 숙성 과정에 작용하는 미생물이 가장 중요하다고 할 수 있다(Lee 등, 2016).

메주에서 우점종으로 발견되는 *Aspergillus sp.*는 aflatoxinB1(AFB1), cyclopiazonic acid (CPA),3-nitropropionic acid(3-NPA)

와 같은 곰팡이독소를 생산한다고 알려져 있으며, *Aspergillus sp.* 다음으로 우점종으로 발견되는 *zygomycetes*는 발효 초기에 풍미를 향상시켜 주며, 아플라톡신을 저감화한다고 알려져 있다. *Zygomycetes*는 *Aspergillus*의 곰팡이독소를 저감화하는 능력이 있으며, 저감화 요인은 *zygomycetes*가 성장 도중 분비하는 효소에 의해 분해된다는 것이다.

실제 된장을 1년 동안 숙성하면서 아플라톡신 변화를 관찰한 결과, 초기 3.9μg/kg이었던 것이 6개월 후에는 거의 분해되고 검출되지 않았다(20).

숙성, 보관(12개월) 기간 중 대두, 메주, 간장 및 된장의 아플라톡신 함량 변화(20)

Sample	Total aflatoxin(ppb)				
	0 months	3 months	6 months	9 months	12 months
대두	Trace[1)]	-	-	-	-
메주	7.2±0.8	-	-	-	-
간장	2.8±0.8[b]	5.1±0.6[a]	5.0±0.8[a]	5.0±0.6[a]	5.6±0.3[a]
된장	3.9±0.6[a]	2.4±0.3[b]	Trace[1)]	Trace[1)]	Trace[1)]

All values represent mean ± S.D.
Values in a row with different superscript letters are significantly different ($p<0.05$)
[1)] Trace: below the detection limit (<2 $\mu g/kg^{-1}$)

한편, 식품의약품안전처에서 발간한 홍보자료(2021년)에서도 된장의 숙성기간에 따라 아플라톡신은 감소하며, 아플라톡신 저감화를 위하여 된장을 충분히 숙성시킬 것을 권고하고 있다.

경기도 보건환경연구원은 유통 중인 식품을 6개월 동안 상온에서 저장하면서 아플라톡신 변화를 조사한 결과, 된장은 아플라톡신이 분해되어 함량이 감소하지만 옥수수 과자, 땅콩과 땅콩가공품은 오히려 증가한다고 하였다(21). 이는 된장이 다른 식품과 달리 저장 기간이 경과할수록 아플라톡신이 분해된다는 것을 의미한다.

결국 된장에서 아플라톡신은 저장/유통 중에 증가하지 않으며, 오히려 숙성 과정에서 분해된다는 것이다.

된장에 남아있는 아플라톡신은 숙성하는 동안 다양한 미생물에 의해 분해된다는 것이다. 즉, 된장을 6개월이상 숙성하면 대부분 분해될 수 있다는 이야기이다.

우리나라 김치도 마찬가지이다. 김치는 오래 숙성시키면 유산균이 생육하여 잡균을 사멸시킨다. 그래서 숙성이 잘된 김치만이 가지는 맛있는 우리 고유의 "김치"인 것이다.

6. 된장의 숙성/유통 중에 곰팡이독소는 증가하지 않는다

된장에서는 더 이상 곰팡이가 생육하지 않으며, 곰팡이독소도 생성되지 않는다. 따라서 **된장에서는 숙성/유통 중에 아플라톡신이 생성되지 않으며, 오히려 숙성 과정에서 아플라톡신은 분해된다.**

된장의 숙성 중 곰팡이의 균수 변화를 조사한 결과, 전통 된장의 곰팡이는 담금 직후 평균적으로 4.49 Log CFU/g의 값을 보였고, 숙성 후 1.35 Log CFU/g의 값을 보였다. 결국, 된장은 숙성함에 따라 곰팡이 수가 감소하거나 검출되지 않았다는 보고이다(22).

* 메주는 2018년도 12월에 생산하여 15~20일간 발효 후 30~60일간 숙성시킨 메주를 사용하였고, 2019년 3월 중순에 장을 담근 후 노지에서 90일간 발효 후 간장과 분리하여 고형분인 된장을 치대어 항아리에 담아 숙성시켰다. 숙성 조사 시기는 2019년 6월 중순에 장 가른 직후, 숙성 30일 후, 숙성 90일 후, 숙성 210일 후 조사하였다.

된장의 숙성/저장 중 미생물 변화(22)

Contents	Aging period (day)	Gyeongnam traditional *doenjang* (Log CFU/g)						
		GD1$^{1)}$	GD2	GD3	GD4	GD5	GD6	GD7
Total microbial count	0	9.13±0.08$^{Aa2)}$	8.89±0.07^{Bb}	8.73±0.05^{Bb}	5.61±0.04^{Db}	8.88±0.18^{Bb}	8.72±0.14^{Ba}	8.38±0.12^{Ca}
	30	9.11±0.06^{Aa}	8.81±0.15^{Bb}	8.76±0.12^{Bb}	5.20± 0.09^{Dc}	8.93±0.18^{ABab}	8.84±0.11^{Ba}	8.23±0.18^{Ca}
	90	9.03±0.10^{Aa}	9.08±0.04^{Aa}	8.96±0.14^{Aa}	5.93±0.03^{Da}	8.96±0.04^{Aab}	8.78±0.15^{Ba}	8.17±0.06^{Ca}
	210	9.04±0.03^{Ba}	9.24±0.06^{Aa}	8.86±0.01^{Cab}	4.91±0.06^{Ed}	9.18±0.10^{Aa}	8.78±0.03^{Ca}	8.25±0.03^{Da}
Fungus	0	4.57±0.08^{Da}	4.96±0.02^{Ba}	4.65±0.08^{CDb}	3.23±0.10^{Fb}	4.71±0.12^{Ca}	5.69±0.02^{Ac}	3.59±0.03^{Ea}
	30	2.43±0.06^{Fb}	4.79±0.02^{Bb}	3.19±0.04^{Ed}	3.76±0.09^{Ca}	3.61±0.06^{Db}	6.05±0.03^{Aa}	3.52±0.07^{Da}
	90	2.37±0.04^{Eb}	4.49±0.04^{Cc}	5.12±0.04^{Aa}	0.00±0.00^{Fc}	2.72±0.05^{Dc}	4.74±0.06^{Bd}	0.00±0.00^{Fb}
	210	0.00±0.00^{Cc}	0.00±0.00^{Cd}	3.62±0.06^{Bc}	0.00±0.00^{Cc}	0.00±0.00^{Cd}	5.82±0.07^{Ab}	0.00±0.00^{Cb}

지역별 고추장의 발효 중 미생물 변화(33)

Items	Fermentation period	Gochujang group (Log CFU/g)[1)]								
		GG	GW	CB	CN	JB	JN	KB	KN	Average
Yeast	0 m	1.19 ± 1.36^{Ac}	3.57 ± 0.46^{Aab}	0.00 ± 0.00^{Bc}	4.04 ± 1.50^{Aa}	3.34 ± 1.14^{Aab}	2.47 ± 1.39^{Ab}	3.40 ± 1.04^{Aab}	0.78 ± 0.83^{Ac}	2.09 ± 1.78
	3 m	0.41 ± 1.38^{Ab}	2.13 ± 1.82^{Aab}	2.80 ± 1.37^{ABab}	0.86 ± 1.37^{Bab}	0.92 ± 1.30^{Bab}	0.64 ± 1.06^{Bab}	2.41 ± 1.69^{Aa}	0.66 ± 1.22^{Aab}	1.54 ± 1.55
	6 m	0.44 ± 1.19^{Ac}	2.42 ± 2.55^{Aab}	3.42 ± 1.92^{Aabc}	0.86 ± 1.48^{Bbc}	0.60 ± 0.86^{Bbc}	3.16 ± 1.81^{Aa}	3.68 ± 1.62^{Aa}	0.20 ± 0.53^{Ac}	2.31 ± 1.96
	12 m	0.00 ± 0.00^{Ac}	2.64 ± 1.82^{Aab}	2.15 ± 1.42^{ABbc}	1.23 ± 1.89^{Bbc}	0.00 ± 0.00^{Bc}	3.32 ± 1.68^{Aa}	3.22 ± 1.77^{Aa}	0.37 ± 0.77^{Ac}	2.77 ± 1.84
Fungi	0 m	0.00 ± 0.00^{Ab}	2.83 ± 1.20^{Aa}	0.00 ± 0.00^{Bb}	1.46 ± 1.92^{Aab}	1.64 ± 0.16^{Aa}	1.47 ± 1.47^{Aab}	2.63 ± 2.47^{Aa}	1.51 ± 0.89^{Aab}	1.28 ± 1.58
	3 m	0.00 ± 0.73^{Aa}	1.14 ± 1.47^{Ba}	2.74 ± 1.04^{ABa}	0.06 ± 1.04^{Ba}	3.37 ± 6.94^{Aa}	0.46 ± 0.76^{Aa}	2.03 ± 2.59^{Aa}	0.42 ± 0.92^{Aa}	1.47 ± 2.78
	6 m	0.00 ± 0.00^{Aa}	0.86 ± 1.47^{Ba}	0.00 ± 0.00^{Ba}	0.24 ± 0.62^{Ba}	0.09 ± 0.21^{Aa}	0.47 ± 0.89^{Aa}	1.05 ± 1.80^{Aa}	0.56 ± 1.11^{Aa}	1.03 ± 1.00
	12 m	0.00 ± 1.30^{Aa}	0.60 ± 1.58^{Ba}	2.01 ± 1.38^{Aa}	0.00 ± 0.00^{Ba}	0.00 ± 0.00^{Aa}	0.29 ± 0.76^{Aa}	1.11 ± 1.28^{Aa}	0.50 ± 0.85^{Aa}	1.83 ± 1.08

[1)]GG, Gyeonggi-do; GW, Gangwon-do; CB, Chungcheongbuk-do; CN, Chungcheongnam-do; JB, Jeollabuk-do; JN, Jeollanam-do; KB, Gyeongsangbuk-do: KN, Gyeongsangnam-do.
[2)]Any means in the same fermentation time (A-B) or region (a-c) followed by different letters are significantly ($p<0.05$) different by Duncan's multiple range test.

Jang 등(23)의 연구에서도 된장의 발효가 진행됨에 따라 곰팡이는 점차적으로 감소하는 경향을 보였다.

결국, 된장의 숙성에 따라 곰팡이는 지속적으로 감소하며, 증가하지 않는다. 따라서 숙성 과정에서 곰팡이독소도 증가하지 않는다.

시중에 유통 중인 식품을 6개월 동안 상온에서 저장하면서 아플라톡신 변화를 조사한 결과, 옥수수 과자, 땅콩과 땅콩가공품은 **저장 기간이 증가함에 따라** 아플라톡신이 함량이 증가하지만, **된장에서는 아플라톡신 함량이 감소하였다**(24).

식품의 저장 중 아플라톡신 함량 변화(24)

Food	아플라톡신 B1 함량 (μg/kg)		
	개봉 후	저장 1개월 후	저장 6개월 후
된장	0.95	0.59	0.29
옥수수 과자 (1)	0.05	0.13	0.19
옥수수 과자 (2)	0.12	0.15	0.18
땅콩 잼 (1)	0.05	0.08	0.07
땅콩 잼 (2)	0.95	0.91	1.11
땅콩	0.30	0.37	0.60

결국, 옥수수 과자, 땅콩, 땅콩가공품은 계속해서 곰팡이 번식하며 아플라톡신 함량이 증가한 반면, 된장은 저장하는 동안에도 곰팡이 번식이 억제되어 아플라톡신 함량이 더 이상 증가하지 않고 오히려 감소하였다.

이것은 된장에서 곰팡이의 생육이 더 이상 일어나지 않으며, 곰팡이독소도 생성되지 않음을 의미한다. 따라서 된장에서는 유통 중에 아플라톡신이 생성되지 않으며, 오히려 숙성 과정 중에 아플라톡신은 분해된다.

7. 한식된장은 6개월 이상 숙성시켜야 된장이다

된장은 하루에 섭취하는 양이 소량이어서 설령 아플라톡신이 검출되었다고 할지라도 인체 위해성에는 문제가 없다. 다만, 가정에서 제조한 한식된장은 발암물질인 아플라톡신을 최소화할 필요가 있다. 아플라톡신이 오염된 된장을 지속적으로 섭취하면 발암물질을 계속 먹게 될 수 있기 때문이다. 위해성이 미미하더라도 굳이 섭취할 필요가 없는 발암물질을 먹을 이유는 없다.

된장 중 아플라톡신은 **숙성/유통 중에는 생성되지 않으며, 오히려 된장 숙성 과정 중에 아플라톡신은 분해된다. 최근(2020년) 한식된장 중 아플라톡신 부적합이 많은 이유는 숙성이 제대로 이루어지지 않았기 때문이며, 부적합한 한식된장의 대부분은 숙성기간이 6개월 미만이었다.**

따라서 가정식 한식된장은 최소 6개월~1년 이상 숙성된 것을 섭취하는 것이 안전하다.

된장의 주원료는 메주이다. 메주에는 수많은 곰팡이, 세균 등 다양한 미생물이 존재한다. 이러한 메주를 소금물과 함께 숙성시키면 발효가 일어난다. 발효는 유용한 균에 의한 유용한 성분을 생성되는 과정이다. 이러한 발효를 거치면서 유용하지 않은 잡균들은 도태되고 사멸된다. 된장은 메주 발효와 된장의 발효/숙성을 거쳐 맛있고 안전한 제품으로 탄생한다. 그런데 발효(숙성)을 제대로 시키지 않으면 아플라톡신과 같은 유해물질이나 잡균이 남아 품질을 떨어뜨린다. 앞서 설명한 바와 같이, 된장의 숙성 3개월짜리는 아플라톡신 부적합이 많았다.

잡균이 많은 메주가 안전하고 맛있는 된장이 되려면 적어도 6개월 이상 충분한 발효와 숙성 과정을 거쳐야 한다. 이제는 전통 한식된장의 정의를 6개월 이상 숙성된 것으로 바꿀 필요성이 있다.

김치도 마찬가지다. 김치는 발효과정에서 유산균이 활발하게 번식하고, 유산에 의하여 잡균들이 사멸되어 맛있는 김치가 되는 것이다(12).

8. 가정식 한식된장은 아플라톡신에 취약할 우려가 있다

가정식 한식된장은 메주 제조부터 제조환경까지 옛 전통 방식에서 벗어나 있다. 이로 인해 미생물 군락이 변했고, 미생물 생육 온도/습도도 달라졌다. 결론적으로, 현재의 가정식 한식된장은 전통 방식을 따르지 않기 때문에 아플라톡신 등으로부터 안전성을 확보하기 어렵다는 것이다.

한식 메주는 삶은 콩과 볏짚을 가지고 자연환경에서 제조되기 때문에 다양한 균에 노출되며, 그중 일부는 아플라톡신을 생성하는 *Asp. parasiticus*에 오염될 가능성이 높다. 한식된장(재래식 된장)은 주원료로 메주를 사용하기 때문에 아플라톡신이 생성될 수밖에 없다. 메주 중 아플라톡신은 대부분 된장으로 이행된다고 알려져 있다.

현재의 가정식 한식된장은 가정에서 직접 메주를 제조할 경우, 아플라톡신에 취약할 수 있다. 그 이유는,

첫째, 현재의 메주 제조는 옛날 전통 방식이 아닌 소위, 현대식 전통 방식으로 이루어지기 때문이다. 일반 가정에서 손으로 직접 만든다는 것, 직접 재배한 콩으로 제조한다는 것, 지푸라기를 사용한다는 것 등이 그 예이다.

하지만, 옛날 전통 방식에서 꼭 필요한 것들이 빠져 있다. 현대의 가정은 초가집 지붕이 없고, 집 벽이 흙이 아니라는 점 등 굉장히 중요한 것이 변화된 것이다. 이러한 변화는 미생물의 생육환경에 큰 영향을 미친다. 전통적으로 집 안에 있던 미생물군이 사라졌고, 온습도 또한 크게 변화했다.

둘째, 기후변화도 중요한 요인이다. 미생물 생육조건이 달라졌지만, 여전히 가정에서 메주를 만드는 방식은 변하지 않았다.

따라서, 현재의 가정식 한식된장은 메주 제조부터 제조환경까지 옛 전통 방식에서 벗어나 있다. 이로 인해 미생물 군락과 생육 온습도가 변화하였으며, 결론적으로 지금의 현대식 가정식 한식된장은 전통 방식을 따르지 않아 아플라톡신 등으로부터 안전성을 확보하기 어렵다.

가정식 한식된장은 가정에서 메주와 간장, 된장을 직접 제조하여 섭취하는 구조이므로, 안전관리가 전혀 이루어지지 않는 안전관리의 사각지대에 놓여 있는 식품이다.

9. 아플라톡신이 생성되지 않는 한식 메주 제조 방법은 없는가

메주 제조 시 자연발효에 의해 대부분의 경우 아플라톡신이 생성되지 않는다. 그러나 자연발효로 제조하는 전통 메주의 일부는 아플라톡신 생성균에 의해 오염되어 독소가 다량 존재할 수 있다. 아플라톡신 생성균이 메주에 존재하더라도 이를 제어하여 아플라톡신 생성을 최소화할 수 있다.

메주 제조 시 아플라톡신의 생성을 최소화하기 위해서는,

첫째, 종국을 첨가하는 방법이다. 메주 제조시 종국(*Aspergillus oryzae, Aspergillus niger, Rhizopus oryzae* 등)을 첨가하여 제조하면 아플라톡신이나 오크라톡신 A를 줄일 수 있다(26~30).

종국을 첨가한 메주의 아플라톡신 및 오크라톡신 A는 각각 99%, 93% 감소하는 것으로 확인되었다(26).

식품의약품안전처 홍보 리플렛(2021. 10.)에서도 이 방법을 소개하고 있다. 메주 제조 시 황국(종국)을 사용하면 아플라톡신이 감소한다고 하였다.

둘째, 안전성과 기능성이 우수한 메주를 선정하여 이를 씨메주로 사용하는 방법이다. 좋은 씨메주를 메주 제조 시 첨가하면 그 집만의 고유한 맛과 안전한 메주로 장을 담그는 방법이다.

이 방법 또한 고유의 메주 우점균이 잡균의 번식을 막아 아플라톡신 등 곰팡이독소를 제어하는 하나의 방법이다. 물론 씨된장, 씨간장은 장 제조 시 많이 사용하고 익숙한 방법이지만, 가장 중요한 메주에 대해서는 아직 부족한 점이 있는 것 같다.

셋째, 메주의 우점균을 분리한 후 메주 제조 시 첨가하는 방법도 있다. 이 방법은 씨메주를 첨가하는 것과 유사하지만, 더 과학적인 방법이다. 이는 정부 차원에서 적극적인 제도의 개선이 필요한 부분이다.

이들 방법은 모두 메주 제조 시 우수한 균주를 이용하여 잡균의 번식을 사전에 방지하는 개념으로 보면 될 것이다.

이제는 전통 한식 메주 제조의 개념을 바꿀 때가 되었다고 본다. 현재의 전통 메주 제조방식은 한계가 있다.

지금은 옛날 초가지붕에서 내려오는 미생물이 사라졌고, 초가지붕과 흙벽이 없어지면서 집의 환경과 기후도 달라졌다. 그러나, 여전히 볏짚만으로 그 과정을 흉내 내고 있다. 이러다 보니 메주가 발효되는 것이 아니라 부패할 수도 있다. 이제는 가정에서 볏짚 하나에 의존해 메주를 만들고 된장과 간장을 제조하여 먹는 시대는 지났다고 본다.

10. 아플라톡신으로부터 안전한 한식된장 만들기

첫째, 정부에서 안전관리를 한 메주를 시중에서 구입하여 사용하는 방법
둘째, 메주와 장류를 직접 제조할 경우, 장을 담그기 전 메주의 아플라톡신 검사를 하여 아플라톡신이 검출되지 않은 메주를 사용하는 방법
셋째, 메주 제조 시 종국이나 씨메주를 일정량 첨가하는 방법
이 세 가지 방법 중 한 방법을 택하면 안전한 장류를 담글 수 있다.
넷째, 마지막으로 중요한 것은 장을 분리한 후 된장은 반드시 6개월 이상 충분히 숙성시켜라.

된장 중 아플라톡신은 대부분 메주에서 기인한다. 최근 된장 중 아플라톡신이 증가하고 있는 것은 초가집 등 가정의 환경변화와 기후변화로 인해 메주의 제조환경이 변했기 때문일 것이다. 우리 전통 방식 메주(한식 메주)는 콩을 삶아 성형한 후, 짚(볏짚)으로 싸서 흙벽이 있는 초가지붕 처마에 매달아 콩을 발효시켜 만들었다. 그러나 지금은 초가지붕과 흙벽에서 내려오는 미생물도 사라졌고, 오로지 볏짚만으로 그 과정을 흉내 내고 있다. 거기다가 초가지붕과 흙벽이 없어지면서 온도 환경도 달라졌고 온난화로 인한 기후변화도 한몫을 하고 있다. 이러한 상황에서 옛 전통만 고집할 것인가? 우리 전통 방식을 지금 현시대에 맞게 재현하는 현대식 제조공장도 늘어나고 있다. 이제는 가정에서 볏짚 하나에 의존해 메주를 만들고 된장, 간장을 제조하여 먹는 시대는 지났다고 본다.

아플라톡신으로부터 전통 장류의 안전성을 확보하기 위해서는,

첫째, 문제는 메주이다. 메주는 일정한 미생물 생육 시설(온도/습도 등)을 갖춘 곳에서 제조하고 주기적으로 안전관리(아플라톡신 등 메주의 기준 및 규격 검사)가 이루어진 메주를 구입하여 장을 담가야 한다. 메주를 구매할 때는 상표(표시사항이 있는 것)가 있는 것을 구입하여야 한다. 그 이유는 정부에서 아플라톡신 안전관리를 마친 메주이기 때문이다.

가정에서 볏짚 하나에 의존해서 메주를 만들고 된장과 간장을 제조하여 먹는 시대는 지났다. 아플라톡신이 관리된 메주(아플라톡신의 기준에 적합한 메조)를 장류 제조에 사용해야 한다.

둘째, 메주와 장류를 직접 제조(일반 가정 또는 전통 장류 제조업체 등)하는 경우, 장을 담그기 직전에 메주 중 아플라톡신 검사를 받아보고 아플라톡신이 검출되지 않으면 장을 담가야 한다. 아플라톡신 검사는 각 지자체별 시도 보건환경연구원 등에서 일정 수수료를 내고 할 수 있다. 이 방법은 전통 장류 제조업체(전국 1,900여 업체)에 적극적으로 권장한다. 그리고 정부에서도 이에 대한 제도적 뒷받침이 있어야 할 것이다.

셋째, 메주를 만들 때 식품첨가물로 판매 중인 종국을 첨가하거나, 씨메주(품질이 우수하다고 알려진 메주)를 일정량 첨가하면 아플라톡신 생성균의 오염을 막을 수 있다.

넷째, 장을 분리한 후 된장은 6개월 이상 숙성시킨 것만 먹어야 한다. 쉽게 말해, 한식된장은 6개월 이상 숙성시키지 않으면 된장이 아니라고 생각하면 된다. **6개월 이상 숙성시키면, 안전성도 확보되고, 맛도 좋아지며, 기능성도 더 향상된다.**

옛날 우리 조상들은 된장을 담그면 1년을 묶어서(숙성) 먹었다. 1년

묵은 된장을 먹고 햇된장은 먹지 않았다. 왜 그랬을까? 옛 선인들은 맛과 안전성을 고려했을 것이다. 된장, 김치, 젓갈 등 발효식품은 모두 묵혀서 잡균, 잡냄새, 유해물질 등을 없애고 유용한 균이 많아져서 발효의 본질이 잘 완성된 식품만을 먹었다. 그러나 지금은 늦가을에서 초겨울에 메주를 만들고 다음 해 봄에 된장을 담가서 3~4개월 후에 바로 먹는다. 이로 인해 아플라톡신 등 유해 오염물질이 분해되지 않은 된장을 먹게 되는 것이다. 우리 전통 발효식품은 발효의 본질을 이해하고 기다리는 미학이 필요하다.

전통 한식 장류의 과학화/세계화를 위한 제언

1. 고품질 장류 생산 위해 메주 제조시 종균(우점종균) 사용

'전통식품품질 인증제도'에서는 종균(우점종균) 사용 시 전통식품으로 인정하지 않기 때문에, 전통 재래식 장류를 생산하는 소기업들은 종균 사용을 꺼리고 있다. 이로 인해 전통 장류의 품질과 안전성이 취약해지고, 산업화에 큰 걸림돌이 되고 있다는 지적이다. 보다 위생적이고 고품질의 장류 생산을 위해서는 종균(우점종균) 사용을 권장하는 방향으로 제도적 개선이 필요하다.

2. 우수한 전통 장류를 위한 씨메주 발굴/보급

전통 장류에는 수백 종의 미생물이 존재하고, 이들 미생물은 각기 다른 대사체 생성능력을 지니고 있다. 이들 중에는 콩을 잘 발효시켜 맛 성분으로 전환시키는 좋은 미생물이 있는가 하면, 반대로 식품안전과 관련된 좋지 않은 미생물도 있다. 전통 메주에 대한 토종미생물 연구를 통해 우수한 씨메주를 발굴하고, 이를 보급하여 안전하고 맛 좋은 전통 장류를 되살려야 한다.

3. 전통 장류 담그기 전에 사용할 메주의 아플라톡신 검사 실시 의무화

특히, 판매를 목적으로 하는 전통 장류 제조업체(1,900여 업체)에 대해서는 장 담그기 전에 사용할 메주의 아플라톡신 검사를 필수적으로 진행하는 제도적 뒷받침이 있어야 한다.

4. 전통 한식된장의 경우, 최소한 6개월 이상 숙성시키도록 의무화

전통 한식된장의 품질과 안전성을 확보하기 위해, 최소한 6개월 이상 숙성시키도록 의무화하는 제도적 개선이 필요하다.

11. 된장을 제외한 한식 장류는 아플라톡신을 걱정하지 않아도 된다

간장은 메주에서 소금물로 추출한 것이기 때문에, 설령 메주에 아플라톡신이 존재하더라도 아플라톡신 함유량은 미미하다. 아직까지 아플라톡신 기준에 부적합한 간장은 없었다.

청국장 제조는 메주를 이용하지 않고, 삶은 콩을 단기간(1일)에 발효하기 때문에 아플라톡신이 거의 생성되지 않는다.

고추장도 메주를 사용하지 않거나, 사용하더라도 소량만 사용하기 때문에 아플라톡신은 거의 검출되지 않는다. 고추장, 청국장 모두 현재까지 아플라톡신이 부적합한 사례는 없다.

그렇다면 시중 유통 중인 개량식 양조된장은 아플라톡신으로부터 안전할까?

개량식 된장은 한식된장과 달리 자연 미생물이 아닌 선발된 유용 미생물만을 사용하기 때문에 아플라톡신으로부터 매우 안전하다. 물론 맛에 있어서는 다양한 미생물로 만든 한식된장과 일부 선발된 미생물만으로 만든 개량식 된장의 풍미는 매우 다르다.

VI

장류 중 식중독균(바실러스 세레우스)의 안전성

VI

장류 중 식중독균 (바실러스 세레우스)의 안전성

1. 우리나라 바실러스 세레우스 식중독 발생 현황은

바실러스 세레우스는 흔히 토양이나 물, 식물 속에 서식하는 포자형성 세균이다. 이 세균은 환경에 매우 강한 편이어서 열(heat)과 산(acid)에 잘 견디고, 냉동 상태에서도 살아남을 수 있다. 그 때문에 가공식품, 조리된 음식, 즉석식품 등에서 쉽게 발견된다.

바실러스 세레우스는 조리된 식품을 실온에 오래 방치하면 균이 증식하여 식중독을 일으킨다. 바실러스 세레우스가 만들어 내는 독소에 따라 설사형과 구토형 증상을 유발한다. 설사형의 경우 향신료를 사용한 요리, 육류 및 채소의 수프, 푸딩, 소시지 등 식품에서 발생하고 있으며, 구토형은 쌀밥이나 볶음밥 등의 탄수화물 식품이 주요 원인 식품이다.

바실러스 세레우스는 식품의 제조, 가공, 조리 후에 적절한 조건이 갖추어지면 왕성하게 증식하여 부패 및 변패를 일으키며, 음식을 조리한 후 식히기 위해 실온에 장기간 방치할 경우, 바실러스 세레우스의 포자가 증식하거나 독소가 생성되는 것으로 알려져 있다.

바실러스 세레우스에 의한 식중독 발생 현황(2002년~2023년)을 보면 매년 연간 평균 15건 이내로 발생하고 있다. 1건 발생 시 환자 수는 보통 평균 30명 이내 수준인 것으로 보인다.

바실러스세레우스 식중독 발생 현황(식약처)

연도	'02	'03	'04	'05	'06	'07	'08	'09	'10	'11	'12
건수	0	3	2	1	5	1	14	0	14	6	6
환자수	0	198	84	24	59	50	376	0	401	98	111

연도	'13	'14	'15	'16	'17	'18	'19	'20	'21	'22	'23
건수	8	11	6	3	10	15	5	3	7	11	9
환자수	112	49	22	26	73	242	75	26	113	107	144

그러나 다행히도 우리 전통 장류인 된장, 고추장, 청국장, 간장을 먹고 식중독이 발생했다는 보고나 보도는 없는 것 같다.

바실러스 세레우스 식중독 발생 원인 식품(2006-2012)

식품군	2012	2011	2010	2009	2008	2007	2006
야채류 및 그 가공품	1 (깻잎)	2 (김치)	-	-	4 (샐러드)	-	-
육류 및 그 가공품	-	-	3 (갈비찜)	-	1 (오리)	-	1 (동그랑땡)
곡류 및 그 가공품	-	-	2 (볶음밥)	-	-	-	-
어패류 및 가공품	-	-	1 (물회)	-	5 (회)	-	2 (오징어)
복합조리 식품	-	-	1 (도시락)	-	1 (김밥)	-	1 (도시락)
기타(보존식, 지하수)	1	-	1	-	-	-	1

바실러스 세레우스 식중독에 대한 요약된 설명은 아래와 같다(자료: 식약처 홈페이지).

미생물	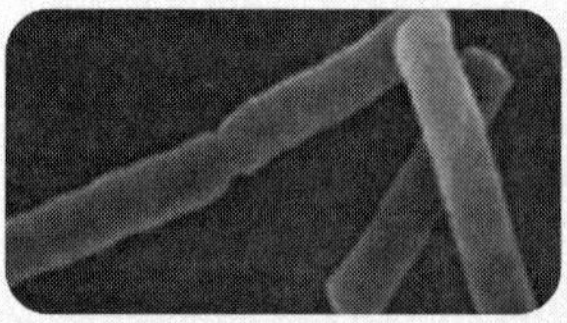 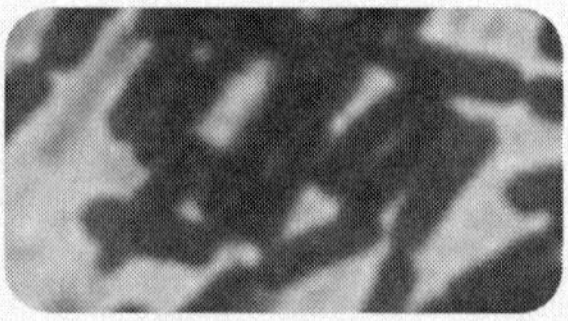
특성	· 토양세균의 일종으로 사람의 생활환경을 비롯하여 토양, 농장, 산야, 하천, 먼지, 오수 등 자연계에 널리 분포하고 있다. · 바실러스 세레우스는 135℃에서 4시간의 가열에도 견디는 내열성의 포자를 형성하는 그림양성의 호기성간균으로 편모를 갖고 있다. · 바실러스 세레우스가 생산하는 설사형 독소(Diarrhetic toxin)는 장내에서 생성되는 열, 산, 알칼리, 단백질 기수분해 효소에 민감한 반면, 구토형 독소(Emetic toxin)는 예외적으로 열(126℃에서 90분 이상 동안), 산, 알칼리, 단백질 기수 분해효소에 저항력을 갖는다.
발병시기	· 구토형(1~5시간), 설사형(8~15시간)
주요증상	· 구토형 증상은 메스꺼움, 구토, 복통, 설사 · 설사형 증상은 설사, 복통
원인식품	· 설사형은 향신료 사용 요리, 육류 및 채소의 수프, 푸딩 등이 대표적인 원인 식품이고, 구토형은 주로 쌀밥, 볶음밥 등이 원인이다.
감염원 및 감염경로	· 토양 상재균으로 자연계에 널리 분포하며 토양과 밀접한 관계가 있는 식품 원재료와 그 가공조리 식품이 식중독 원인식품이다.
예방대책	· 곡류, 채소류는 세척하여 사용하여야 한다. · 조리된 음식은 장기간 실온 방치를 금지하고, 5℃ 이하에서 냉장 보관한다. · 저온보존이 부적절한 김밥 같은 식품은 조리 후 바로 섭취하여야 한다.

2. 바실러스 세레우스 설사형과 구토형 식중독은 어떻게 다른가

바실러스 세레우스 식중독은 식품 중에 오랜 시간 동안 균이 증식하여 독소를 생성하였느냐, 아니면 균이 식품에 증식만 되어 있느냐에 따라 증상이 다르다. 구토형은 주로 탄수화물이 많은 식품(쌀(밥), 감자, 파스타, 전분질 조리 음식 등)에 균이 증식/독소를 생성하였을 때 발생하고, 설사형은 주로 단백질이 많은 식품(햄, 소시지, 우유, 채소류 등)에 증식하였을 때 발생한다. 즉, 주로 곡류, 감자 등으로 조리한 전분질 식품에 균이 오염되었을 때 식품 내에 세룰라이드 독소를 생성하여 구토 증상을 보인다.

바실러스 세레우스 설사형과 구토형 식중독 비교

	설사형	구토형
식중독을 일으킬 수 있는 식품 중 균수	소장 내 10^5/g 이상	식품 1g당 10^5 이상
식중독 원인 물질	장독소(소장 내에서 생성)	세룰라이드(식품 중에 생성)
생성경로	다량의 균(오염식품) 섭취 → 소장내(포자→발아→영양세포) → 장독소 생성	식품 중 균 오염 → 식품내 독소(세룰라이드) 생성
식중독을 일으키는 식품 섭취량	- 일정량(식품 중 균수 × 식품섭취량) 이상 균 섭취 시 - 소장내 균수: 10^5/g 이상	- 세룰라이드 독소를 체중 1kg 당 8μg 이상 섭취 시 - 세룰라이드 인체 섭취량 = 식품 중 세룰라이드 함량 × 식품 섭취량
식품섭취 후 식중독 발병시기	6시간~24시간 이내 (장에서 장독소 생성 시간 필요)	30분~6시간 이내 (이미 식품에서 생성된 독소)
주 증상	설사	구토(일명 **볶음밥증후군**)
유발 식품	햄, 소시지, 우유, 채소류 등	쌀(밥), 감자, 파스타, 전분질 조리 음식 등
확인 방법	대변 중 균수 확인 (10^5/g 이상)	대변 중 세룰라이드 함량 측정 (HPLC)

3. 장류 섭취로 인한 설사형 식중독균(바실러스 세레우스)의 인체 위해성

1) 장류 섭취로 인한 바실러스 세레우스(설사형 식중독)의 인체 위해성

식품 중 유해물질의 안전성을 평가하는 절차에 따라 식품 섭취로 인한 위해요소(바실러스 세레우스)의 인체 위해성 여부를 따진다. 미생물의 경우 노출량 평가 시 초기오염에서 유통/저장 중에 균의 증가에 따른 최종균수를 예측하여 노출량을 산출해야 하나, 장류 중 바실러스 세레우스는 저장/숙성/유통 중에도 증가하지 않는다. 오히려 감소하는 경우도 있다(이유는 뒤에서 자세히 설명).

따라서 유통/저장 중에 균이 증식한다는 점을 고려하지 않고 아래의 도식도에 따라 위해성 여부를 판단하였다.

위해성 평가 절차 도식도

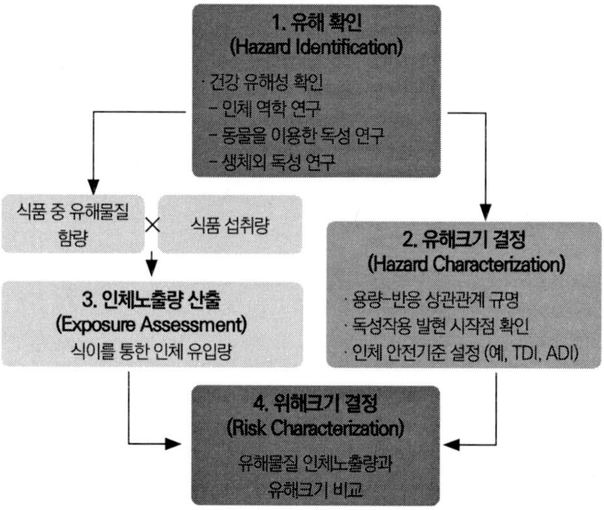

첫째, '유해성 확인'

바실러스 세레우스에 오염된 식품을 섭취하면 이 균이 소장에서 만들어내는 독소(장독소, 엔테로톡신)에 의해 설사나 구토 같은 식중독 증상이 나타날 수 있다.

바실러스 세레우스가 만들어 내는 독소에 따라 설사형과 구토형 증상을 유발한다. 구토형 독소(emetic toxin)는 음식 자체에 독소를 생성하여 구토를 유발하며, 설사형 독소(enterotoxin)는 음식을 섭취한 후 소장에서 독소를 생성하여 경련, 설사 등을 유발한다. 설사형은 향신료를 사용한 식품이나 육류 및 채소의 수프, 조리한 식육 및 소시지의 육가공품 등이 원인이다.

둘째, '유해크기 결정'

설사형 식중독의 경우, 바실러스 세레우스에 오염된 식품을 섭취하여 소장 내에서 균수가 10^5~10^8CFU/g 이상 증식하였을 때 장독소(엔테로톡신)을 생성하여 식중독을 일으킨다.
식품의약품안전처는 바실러스 세레우스의 유해 크기를 식품 중 균수 100,000CFU/g으로 설정했다.

바실루스 세레우스의 최종 섭취량이 최소 감염량 100,000CFU 이상일 경우 질병 발생, 그 미만일 경우 질병이 발생하지 않음으로 확률을 갖는 분포를 사용하여 위해도를 추정하였다(식품의약품안전처, 2012).

즉, 바실러스 세레우스에 오염된 식품을 섭취하여 그 식품으로 인하여 바실러스 세레우스 균수가 100,000CFU/g 이상이면 식중독 발생으로 보고 이를 기준으로 위해 여부를 평가한다는 의미이다. 따라서 **식품의약품안전처는 바실러스 세레우스의 유해 크기를 식품 중 균수 100,000CFU/g으로 설정했다고 봐야 할 것이다.**

EFSA(2016)나 FDA(2012)에 의하면, 일반적으로 바실러스 세레우스의 유해크기는 식중독과 일반적으로 관련된 감염량(균수)은 식품 1g당 10^5~10^8개의 집락(CFU/g)이다. 식중독은 세균 자체가 아니라 미리 형성된 독소에 의하여 발생한다. 일반적으로 설사형 식중독의 경우, 소장에서 식중독과 관련된 양의 독소를 생성하려면 식품 1g당 10^5~10^8개의 집락(CFU/g)까지 세포가 증식해야 한다.
즉, 바실러스 세레우스가 식중독을 일으키려면 소장에서 1g당 10^5개 이상이 증식해 있을 때 장독소(엔테로톡신) 생성이 시작된다.
그래서 **설사형 식중독의 경우**, 바실러스 세레우스에 오염된 식품을 섭취하여 소장 내에서 균수가 10^5~10^8 CFU/g 이상 증식하였을 때 장독소(엔테로톡신)을 생성하여 식중독을 일으킨다.

셋째, '인체 노출평가'

된장에 바실러스 세레우스가 100,000CFU/g로 오염되었다면, 이를 섭취하였을 때 인체 노출량은 얼마일까?(우리나라 성인의 경우 된장의 섭취량은 실제 섭취하는 사람의 경우 하루에 평균 12g 정도이다.)

된장 등 장류는 숙성 중에 바실러스 세레우스는 증가하지 않는다. 즉, 저장 유통 중에 균수는 증가하지 않는다. 따라서 초기균수 그대로 적용하더라도 바실러스 세레우스의 노출량은 증가하지 않는다.
따라서, 장류 중 바실러스 세레우스의 인체 노출량은 유통/저장 중에 균 수의 증가를 고려하지 않고, 초기오염 균수를 그대로 적용하여 평가하였다.

우리나라 성인은 1일 식사량(전체 식품 섭취량)이 평균 1,585.7g/day이다. 그중에 된장 섭취량(실제 섭취자 평균 섭취량)은 12g으로 전체 식품 섭취량의 1%도 안 된다.

만약 바실러스 세레우스가 장류의 기준치 10배인 10,000CFU/g로 오염된 된장을 먹었을 때, 소장에서의 균수, 즉 인체 노출량은 1일 100CFU/g 미만이다.

만약, 그러할 리는 없겠지만 최악의 경우, 기준치를 100배 초과한 100,000CFU/g로 된장이 오염되어 있다면 소장에서의 균수, 즉 인체 노출량은 1일 1,000CFU/g이다.

이를 유해크기(식중독을 일으키는 양)인 100,000CFU/g(식약처)과 비교했을 때, 된장 섭취로 인한 위해크기는 이 두 경우 모두 0.1~1%로 위해 우려는 없다.

한편, 장류는 바실러스 세레우스가 유통/저장 중에 증식을 하지 않기 때문에 그렇게 많은 양이 오염될 염려는 없다. 더구나 기준치를 초과한 제품은 유통될 수 없기 때문에 더욱 그러하다.

넷째, '인체 위해크기 결정'

설사형 식중독의 경우, 된장에 바실러스 세레우스가 100,000CFU/g로 오염된 된장(기준은 10,000CFU/g 이하)을 섭취했을 때, 된장 섭취로 인한 위해크기는 1%로 식중독이 발생할 우려는 없다. 한편, 된장 등 장류는 숙성 중에 바실러스 세레우스는 증가하지 않는다. 즉, 저장 유통 중에 균수는 증가하지 않는다. 따라서 초기균수 그대로 적용하면 바실러스 세레우스의 노출량은 증가하지 않아, 식중독을 일으킬 수 있는 양이 아니다.

2) 바실러스 세레우스 설사형 식중독의 발생에 필요한 균수는

바실러스 세레우스(*Bacillus cereus*)로 인해 발생한 식중독은 주로 식품 1g당 10^5CFU 이상의 균수에서 발생했다.
설사형 식중독의 경우, **소장에서 바실러스 세레우스 균수는 1g당 10^5CFU 이상**일 때 식중독이 발생한다.

바실러스 세레우스로 인해 발생한 식중독은 주로 **식품 1g당 10^5CFU 이상**의 균수에서 발생했다. 구토형 및 설사형 식중독 모두 일부 사례는 바실러스 세레우스 105CFU/g와 연관되어 있었다(EFSA, 2016; FDA, 2012).

SCIENTIFIC OPINION

EFSA Journal

ADOPTED: 9 June 2016

doi: 10.2903/j.efsa.2016.4524

Risks for public health related to the presence of *Bacillus cereus* and other *Bacillus* spp. including *Bacillus thuringiensis* in foodstuffs

EFSA Panel on Biological Hazards (BIOHAZ)

Abstract

The *Bacillus cereus* group, also known as *B. cereus sensu lato*, is a subdivision of the *Bacillus* genus that consists of eight formally recognised species: *B. cereus sensu stricto, B. anthracis, B. thuringiensis, B. weihenstephanensis, B. mycoides, B. pseudomycoides, B. cytotoxicus* and *B. toyonensis*. The current taxonomy of the *B. cereus* group and the status of separate species mainly rely on phenotypic characteristics. *Bacillus thuringiensis* strains display a similar repertoire of the potential virulence genes on the chromosome as *B. cereus sensu stricto* strains and it has been shown that these genes can also be actively expressed in *B. thuringiensis* strains. *Bacillus cereus* and *B. thuringiensis* strains are usually not discriminated in clinical diagnostics or food microbiology. Thus, the actual contribution of the two species to gastrointestinal and non-gastrointestinal diseases is currently unknown. Most cases of food-borne outbreaks caused by the *B. cereus* group have been associated with concentrations above 10^5 CFU/g. However, cases of both emetic and diarrhoeal illness have been reported involving lower levels of *B. cereus*. The levels of *B. cereus* that can be considered as a risk for consumers are also valid for *B. thuringiensis*. There is no evidence that *B. thuringiensis*

일반적으로 식품이나 소장에서 질병과 관련된 양의 독소를 생성하려면 식품 1g당 10^5~10^8개의 집락 형성 단위(CFU/g)까지 세포가 증식해야 한다(BfR).

BfR
https://www.bfr.bund.de › bacillus_cereus-54345 ⋮

Initial B. cereus contaminations on foods are mostly low. Usually, cell growth to bacterial counts of 10^5 to 10^8 colony-forming units per gram (CFU/g) of food is required to generate disease-relevant amounts of toxins in foods or in the small intestine.

* 출처: BfR(www.bfr.bund.de/en/bacillus_cereus-54345.html)

3) 바실러스 세레우스 설사형 식중독의 발생 메커니즘

바실러스 세레우스의 식중독 중 설사형은 바실러스 세레우스가 오염된 식품의 섭취로 인하여 장내(소장)에서 균이 증식하여 장독소(엔테로톡신)를 생성함으로써 발생한다.

가) 그렇다면 소장에서 장독소를 생성하려면 어느 정도의 균이 소장에서 증식되어야 하는가

바실러스 세레우스 균으로 인해 발생한 식중독의 원인은 대부분 그 균수가 **10^5CFU** 이상에서 발생한다(EFSA, BfR).

나) 소장에서 균 증식이 10^5CFU 이상이 되려면 얼마나 오염된 식품을 얼마나 먹어야 할까

소장에서 장독소를 생성하려면 식품 중 바실러스 세레우스의 오염정도는 균수 10^3에서 10^5CFU/g와 연관되어 있다고 알려져 있다. 식품의 초기오염 균수가 10^3CFU/g이라고 할지라도 유통/저장 중에 10^5CFU/g 이상으로 증식할 수 있기 때문에 식중독 가능성을 배제할 수는 없다. 그러나 장류는 숙성/유통/저장 중에 균수의 변화가 없기 때문에 초기오염 균수가 최종오염 균수와 비슷하여 10^5CFU/g 이하의 균수는 의미가 없다.

따라서 소장에서 균 증식이 10^5CFU 이상이 되려면 장류 중 바실러스 세레우스 균수는 최소 10^6CFU/g 이상이 되어야 할 것이다.

다) 이렇게 오염된 식품은 얼마나 먹어야 할까

당연히 많이 먹으면 장내에서 더 활발한 증식이 일어날 것이고 적게 먹으면 장내에서 균수는 10^5CFU/g 이상으로 증식하지 못할 것이다.

식품 중에 오염된 균수가 많아도 적게 먹으면 장내에서 증식이 적게 될 것이고, 오염된 균수가 적어도 많은 양의 오염된 식품을 먹게 되면 장내에서 증식이 많아질 것이다.

우리나라는 식품 중에 바실러스 세레우스의 균수를 10^3CFU/g 이하로 제한하고 있다. 그러나, 장류 및 소스류, 김치 등은 10^4CFU/g 이하로 제한하고 있다.

이렇듯 식품 섭취량이 상대적으로 적은 장류 및 소스류, 복합조미식품, 김치류, 젓갈류, 절임식품, 조림식품은 10^3CFU/g 이하가 아닌 10^4CFU/g 이하로 관리해도 식중독 발생에 문제가 없다는 것이다.

따라서 장류의 경우, 장류 중 바실러스 세레우스 균수가 10^6CFU/g 이라고 할지라도 섭취량(간장 8g, 된장 12g, 고추장 10g)이 적기 때문에 이를 섭취하더라도 소장에서 균수가 10^5CFU/g 이상으로 증식되어 장독소를 생성할 가능성은 없다고 보면 된다. 즉, 식중독이 일어날 가능성은 희박하다.

4. 장류 섭취로 인한 독소형 식중독균(바실러스 세레우스)의 인체 위해성

1) 장류 섭취로 인한 바실러스 세레우스(독소형 식중독)의 인체 위해성

설사형 식중독과 동일한 방법으로 식품 유해물질의 안전성 평가 절차에 따라 바실러스 세레우스균(독소형 식중독)의 인체 위해성 여부를 따진다. 앞서 말한 바와 같이 미생물이 유통/저장 과정 중 증식하여 최종 균수를 예측하여 노출량을 산출해야 하나, 장류 중 바실러스 세레우스는 증가하지 않으므로(해당 이유는 뒤에 자세히 설명) 유통/저장 과정 중 균 증식에 의한 독소량이 증가하지 않음을 고려해 위해성 여부를 판단하였다.

첫째, '유해성 확인'

바실러스 세레우스에 오염된 식품을 섭취하면 이 균이 만들어 내는 독소에 의해 설사나 구토 같은 식중독 증상이 나타날 수 있다.

바실러스 세레우스가 만들어 내는 독소에 따라 설사형과 구토형 증상을 유발한다. 구토형 독소(emetic toxin)는 음식 자체에 독소를 생성하여 구토를 유발하며, 설사형 독소(enterotoxin)는 음식을 섭취한 후 소장에서 독소를 생성하여 경련, 설사 등을 유발한다. 바실러스 세레우스 식중독은 구토형 독소(세룰라이드)가 일반적인데, 구토형은 쌀밥이나 볶음밥 등 탄수화물 식품이 주요 원인이다.

둘째, '유해크기 결정'

구토형 식중독의 경우, 바실러스 세레우스가 오염된 식품에 생성된 독소(세룰라이드)가 인체에 체중 kg당 8μg 이상 축적(노출)되면 식중독이 발생한다.

식품 중에 바실러스 세레우스 오염으로 생성된 독소(세룰라이드)를 먹고 발생한 구토형 식중독은 일정량 이상 섭취하여야 발생한다. 그 일정량을 세룰라이드(독소)의 유해 크기 즉, 인체 독성량(인체노출안전기준)이다. **세룰라이드(독소)의 유해 크기(인체 최대무독성량)는 체중 kg당 8μg**이다.

EFSA(2016)나 FDA(2012)에 의하면, 일반적으로 바실러스 세레우스의 유해크기는 식중독과 일반적으로 관련된 감염량(균수)은 식품 1g당 10^5~10^8개의 집락(CFU/g)이다.
바실러스 세레우스 식중독은 세균 자체가 아니라 미리 형성된 독소에 의하여 발생한다.
구토형 식중독의 경우, 일반적으로 식품 중에 식중독과 관련된 양의 독소(세룰라이드)를 생성하려면 식품 1g당 10^5~10^8개의 집락(CFU/g)까지 세포가 증식해야 한다.
따라서, **구토형 식중독의 경우**, 바실러스 세레우스에 의해 식품에 생성된 독소(세룰라이드)를 섭취하면 식중독이 발생한다. 이때 독소의 양(식중독을 일으키는 양, 인체 최대무독성량)은 체중 kg당 8μg 이상이면 식중독이 발생한다(Jäskeläinen et al., 2003).

셋째, '인체 노출평가'

장류에 바실러스 세레우스가 100,000CFU/g로 오염되었다면, 이를 섭취하였을 때 인체 노출량은 얼마일까?(우리나라 성인의 경우 된장의 섭취량은 실제 섭취하는 사람의 경우 하루에 평균 12g 정도이다.)

된장 등 장류는 숙성 중에 바실러스 세레우스는 증가하지 않는다. 즉, 저장 유통 중에 균수는 증가하지 않는다. 따라서 초기균수 그대로 적용하더라도 바실러스 세레우스의 노출량은 증가하지 않는다.

따라서, 장류 중 바실러스 세레우스의 인체 노출량은 유통/저장 중에 균수의 증가를 고려하지 않고, 초기오염 균수를 그대로 적용하여 평가하였다.

구토형 식중독의 경우, 된장에 바실러스 세레우스가 장류의 기준을 100배 초과하여 100,000CFU/g로 오염되어 있다고 할지라도 일어나지 않을 것이다. 아직까지 바실러스 세레우스가 오염된 된장에서 생성된 세룰라이드 독소의 양은 알려져 있지 않지만, 쌀밥 등을 참고할 때, 된장 1일 12g 섭취로 세룰라이드의 유해크기인 체중 kg당 8μg(세룰라이드의 유해크기, 성인의 경우 480μg)을 초과할 수 없는 양일 것이다.

왜냐하면, 벨기에 사례에서 보듯이, 세룰라이드 독소가 12.22μg/g 검출된 쌀밥을 12g(된장 섭취량) 먹었다면 독소 섭취량은 146.62μg(12.22μg/g × 12g)로 유해크기(성인의 경우, 480μg)를 초과하지 않아서 식중독은 발생하지 않았을 것이다.

마찬가지로 쌀밥의 경우처럼 독소가 생성된 된장 12g을 먹었다고 할지라도 식중독은 일어나지 않는다.

바실러스 세레우스 구토형 식중독의 발생 사례를 보면, 2022년 벨기에 파티에서 음식을 먹고 다수가 식중독이 발생하였다. 그 원인조사를 한 결과, 파티에서 먹은 쌀밥에서 세룰라이드 독소가 12.22μg/g가 검출되었다.

파티에서 쌀밥을 50g을 먹었을 경우, 독소 섭취량은 611μg(12.22μg/g × 50g)을 먹은 셈이다. 이 양은 성인의 식중독 발생 가능한 양인 480μg(8μg/kg × 60kg)을 초과하였다. 따라서 파티에서 쌀밥을 50g 이상 먹은 사람은 식중독에 걸렸다고 볼 수 있다.

넷째, '인체 위해크기 결정'

구토형 식중독의 경우, 된장에 바실러스 세레우스가 100,000 CFU/g로 오염되어 있다고 할지라도 된장에 생성된 세룰라이드 독소의 양은 된장 12g 섭취로 세룰라이드의 식중독을 일으킬 수 있는 유해크기인 체중 kg당 8μg(성인의 경우 480μg)을 초과할 가능성이 없어 보인다. 따라서 장류 섭취로 인한 구토형 식중독이 발생할 가능성은 없다.

2) 바실러스 세레우스 구토형 식중독을 일으키는 세룰라이드의 독소량은

바실러스 세레우스로 인해 발생한 식중독은 주로 식품 1g당 10^5CFU 이상의 균수에서 발생했다.
독소형 식중독의 경우, 식품에서 바실러스 세레우스 균수는 1g당 10^5CFU 이상일 때 **세룰라이드 독소가 생성**되며, **이 독소를 체중 kg당 8μg을 섭취**하면 식중독이 발생한다.

구토형 식중독은 주로 쌀, 파스타, 감자 기반 식사에서 바실러스 세레우스에 의해 생성되는 미리 형성된 독소인 세룰라이드의 섭취로 인해 발생한다.

일반적으로 식품에서 바실러스 세레우스가 10^5CFU/g 또는 CFU/ml 이상 수준에 도달하면 *B. cereus*가 세룰라이드(구토 독소)를 생성할 수 있다.

미리 형성된 구토형 독소인 세룰라이드(cereulide)는 식품에서 검출되는데, 바실러스 세레우스가 식품에 오염되어 생성된 독소를 섭취하면 식중독이 유발되는 것으로 알려져 있다.

인체에 식중독을 유발할 수 있는 세룰라이드 독성량은 체중 8μg/kg이며, 성인(60kg)의 경우 480μg을 먹게 되면 식중독이 발생할 수 있다.

인간의 세룰라이드의 독성량(인체 독성량)은 체중 8μg/kg인 것으로 추정되며 (Jäskeläinen et al., 2003), 60kg의 인간이 식중독을 유발하기 위해서는 약 480μg의 세룰라이드를 섭취해야 한다.

Jääskeläinen et al., 2003 E.L. Jääskeläinen, V. Teplova, M.A. Andersson, L.C. Andersson, P. Tammela, M.C. Andersson, ..., M.S. Salkinoja-Salonen

In vitro assay for human toxicity of cereulide, the emetic mitochondrial toxin produced by food poisoning *Bacillus cereus*

Toxicology in Vitro, 17 (2003), pp. 737-744

https://dx.doi.org/10.1016/S0887-2333(03)00096-1 ↗

The in vitro boar spermatozoon test was compared with the LC ion trap MS analysis for measuring the cereulide content of a pasta dish, implemented in serious emetic food poisoning caused by *Bacillus cereus*. Both assays showed that the poisonous food contained approximately 1.6 μg of cereulide g^{-1} implying the toxic dose in human as ≤8 μg kg^{-1} body weight. The threshold concentration of cereulide provoking visible

2022년에 벨기에에서 일어난 식중독 사례를 보면, 파티 중에 밥이 제공되었고 이 쌀밥을 먹은 후 식중독이 발생하였다. 쌀밥은 세룰라이드가 12.22μg/g 검출되었고, 환자 대변에서도 6.32~773.37ng/g이 검출되었다.

오염된 쌀밥 40g 이상을 먹었다면 세룰라이드 독성량(체중 8μg/kg)을 초과하여 식중독이 발생한다.

3) 바실러스 세레우스 구토형 식중독의 발생 메커니즘

바실러스 세레우스 식중독 중 구토형은 식품 중에 생성된 독소에 의해 발생한다. 이때 바실러스 세레우스가 생성한 독소는 세룰라이드(cereulide)이다.

가) 이 독소를 얼마나 섭취하면 식중독이 일어날까

이 독소의 유해크기 즉, 인체 최대무독성량은 8μg/kg bw이다. 즉, 인체에 세룰라이드 독소가 몸무게 kg당 8μg 이상 섭취되면 식중독 발생 가능성이 있다. 만약 몸무게 60kg의 성인의 경우 480μg 이상의 세룰라이드 독소를 섭취해야 식중독에 걸린다는 의미이다.

나) 그렇다면 식품 중에 세룰라이드는 어떻게 생성되는가

식품 중에 바실러스 세레우스가 오염되어 그 균수(균량)가 식품 중에 10^5~10^8CFU/g 이상 증식되면 세룰라이드 독소가 생성된다(EFSA, BfR).

다) 식품에 생성된 독소(세룰라이드)를 얼마만큼 먹어야 식중독에 걸릴까

식품으로 섭취한 유해물질 양이 유해물질의 유해크기(인체 최대무독성량)를 초과해야만 위해가 발생한다. 즉, 식품에 생성된 세룰라이드 양이 세룰라이드의 유해크기인 인체 최대무독성량(8μg/kg bw) 이상이면 식중독을 발생할 수 있다.

식품에 생성된 독소 양을 알아야 하고 또한 독소가 생성된 식품을 얼마나 먹었느냐를 알아야 인체의 독소 노출량을 알 수 있다. 그 독소 인체 노출량이 몸무게 kg당 8μg 이상이 되면 식중독에 걸린다는 것이다.

2022년 벨기에 파티에서 음식을 먹고 다수가 식중독이 발생하였다. 그 원인조사를 한 결과, 파티에서 먹은 쌀밥에서 세룰라이드 독소가 12.22μg/g가 검출되었다. 또한 식중독 환자의 대변에서도 6.32~773.37ng/g이 검출되었다. 만약 파티에서 쌀밥을 50g을 먹었다면 독소 섭취량은 611μg(12.22μg/g × 50g)을 먹은 셈이다. 이 양은 성인의 식중독 발생 가능한 양인 480μg(8μg/kg × 60kg)을 초과하였다. 따라서 파티에서 쌀밥을 50g 이상 먹은 사람은 모두 식중독에 걸렸다고 볼 수 있다.

5. 장류 중 바실러스 세레우스의 오염실태는

연구논문(34)에 의하면, 바실러스 세레우스 정량시험을 실시한 결과, 바실러스 세레우스는 모든 장류에서 50% 이상 오염이 되어 있었으며, 혼합장에서 평균 2.40 log CFU/g(약 250CFU/g)으로 가장 높게 검출되었다. 그다음으로 된장에서 평균 1.49 log CFU/g(약 13CFU/g), 한식된장에서 평균 1.26 log CFU/g(약 18CFU/g), 청국장에서 평균 1.19 log CFU/g(약 15CFU/g)로 비슷한 수준을 나타내었다. 오염도 분포는 최소 불검출에서 최대 3.66 log CFU/g(약 4,600CFU/g)으로 나타났고, 0~10CFU/g의 범위에서 70건(48.3%)으로 가장 높은 비율을 보였으며, 10^3~10^4CFU/g 범위에서도 17.2%(25건)로 장류 중에 다소 많은 균이 분포되어 있었다.

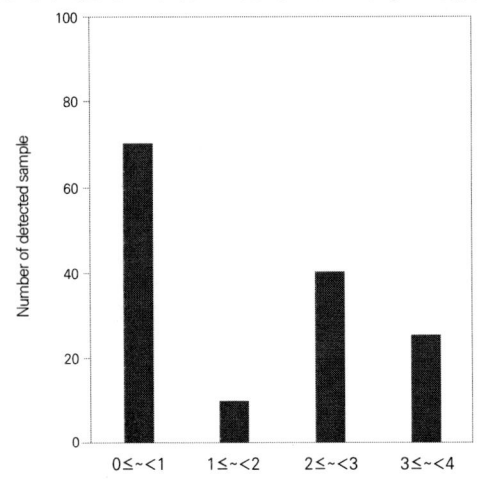

장류에서 바실러스 세레우스 식중독균의 분포(logCFU/g)(34)

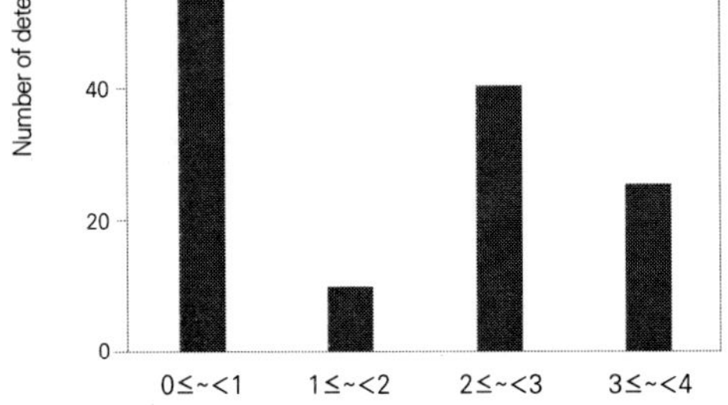

장류에서 식중독균의 검출 현황(logCFU/g)(34)

Group	No. of samples	*S. aureus*	*B. cereus*		*Cl. perfringens*
			Detection rate (%)	Mean±SD[1]	
Cheonggukjang	50	ND[2]	50	1.19±0.19	ND
Soybean paste	45	ND	77.8	1.49±0.45	ND
Traditional soybean paste	30	ND	50	1.26±0.29	ND
Mixed soybean paste	20	ND	100	2.40±0.31	ND
Total	145	ND	34.5	1.47±0.31	ND

[1] SD : Standard Deviation, [2] ND : Not detected.

연구논문(42)에 의하면, 국내 유통 양조간장 75건, 한식간장 200건, 한식된장 275건의 시료, 바실루스 세레우스 정량 분석 결과, 식품 유형별 검출 수준은 한식된장 3.5 log CFU/g(67.8%), 한식간장 3.0 log CFU/g(33.5%), 양조간장 2.0 log CFU/g(10.7%) 순으로 나타났다.

장류에서 바실러스 세레우스 검출 연구사례(42)

대상 식품	오염 균주	오염도[발생건수 (오염수준)]	참고문헌
된장	바실루스 세레우스	2/6 (33.3%) (2.3 - 2.5 log CFU/g)	이 등(2009)
한식된장	바실루스 세레우스	4/4 (100.0%) (2.3 - 2.7 log CFU/g)	이 등(2009)
된장	바실루스 세레우스	35/45 (77.8%) (평균 1.5 log CFU/g)	정(2017)
한식된장	바실루스 세레우스	15/30 (50.0%) (평균 1.3 log CFU/g)	정(2017)
된장	바실루스 세레우스	3/18 (16.7%) (0.8 - 3.2 log CFU/g)	김(2022)
한식된장	바실루스 세레우스	5/24 (20.8%) (0.0 - 2.5 log CFU/g)	김(2022)
양조간장	바실루스 세레우스	2/3 (66.7%) (1.0 log CFU/g)	김 등(2017)
한식간장	바실루스 세레우스	16/19 (84.2%) (1.0 - 3.9 log CFU/g)	김 등(2017)
양조간장	바실루스 세레우스	불검출	김(2022)
한식간장	바실루스 세레우스	2/24 (8.3%) (0.0 - 0.6 log CFU/g)	김(2022)

6. 된장, 고추장 등 장류의 숙성/저장/유통 중 바실러스 세레우스는 증식하는가

1) 장류 중 바실러스 세레우스는 숙성/유통/저장 중에 더 이상 증식되지 않는다

된장 중 바실러스 세레우스는 메주에서 유래하며, 숙성/유통/저장 중에 더 이상 균의 증식은 일어나지 않았다. **이유는 장류의 특성상 소금에 의한 삼투작용 스트레스로 바실러스 세레우스가 증식(성장)하지 못하기 때문이다.**

최근 연구논문에 의하면, 된장 중 바실러스 세레우스는 제조나 유통 보존 중에 오염된 것이 아니고, 메주에서 유래된 것으로 보인다. 메주의 특성상 바실러스 세레우스 외에도 많은 균들이 모두 존재할 수 있다. 하지만, 대장균군이 검출되지 않았다는 것은 비위생적인 미생물의 오염이 없었다는 것으로 보여준다. 특히, 7개월간 된장의 숙성 중에 바실러스 세레우스는 증가하지 않았다. 이는 유통 중에도 증가하지 않는다는 것이다. 한편 된장의 저장 기간별 생균수 역시 증가하지 않는다(22).

전통 된장의 숙성 중 미생물의 변화(22)

Contents	Aging period (day)	Gyeongnam traditional *doenjang* (Log CFU/g)						
		GD1[1)]	GD2	GD3	GD4	GD5	GD6	GD7
Total microbial count	0	9.13±0.08^{Aa}[2)]	8.89±0.07^{Bb}	8.73±0.05^{Bb}	5.61±0.04^{Db}	8.88±0.18^{Bb}	8.72±0.14^{Ba}	8.38±0.12^{Ca}
	30	9.11±0.06^{Aa}	8.81±0.15^{Bb}	8.76±0.12^{Bb}	5.20± 0.09^{Dc}	8.93±0.18^{ABab}	8.84±0.11^{Ba}	8.23±0.18^{Ca}
	90	9.03±0.10^{Aa}	9.08±0.04^{Aa}	8.96±0.14^{Aa}	5.93±0.03^{Da}	8.96±0.04^{Aab}	8.78±0.15^{Ba}	8.17±0.06^{Ca}
	210	9.04±0.03^{Ba}	9.24±0.06^{Aa}	8.86±0.01^{Cab}	4.91±0.06^{Ed}	9.18±0.10^{Aa}	8.78±0.03^{Ca}	8.25±0.03^{Da}
Fungus	0	4.57±0.08^{Da}	4.96±0.02^{Ba}	4.65±0.08^{CDb}	3.23±0.10^{Fb}	4.71±0.12^{Ca}	5.69±0.02^{Ac}	3.59±0.03^{Ea}
	30	2.43±0.06^{Fb}	4.79±0.02^{Bb}	3.19±0.04^{Ed}	3.76±0.09^{Ca}	3.61±0.06^{Db}	6.05±0.03^{Aa}	3.52±0.07^{Da}
	90	2.37±0.04^{Eb}	4.49±0.04^{Cc}	5.12±0.04^{Aa}	0.00±0.00^{Fc}	2.72±0.05^{Dc}	4.74±0.06^{Bd}	0.00±0.00^{Fb}
	210	0.00±0.00^{Cc}	0.00±0.00^{Cd}	3.62±0.06^{Bc}	0.00±0.00^{Cc}	0.00±0.00^{Cd}	5.82±0.07^{Ab}	0.00±0.00^{Cb}
B. cereus	0	0.00±0.00^{F}	2.84±0.07^{Cc}	3.06±0.04^{Bb}	0.00±0.00^{F}	2.28±0.09^{Db}	2.18±0.06^{Ea}	3.42±0.04^{Aa}
	30	0.00±0.00^{F}	3.00±0.12^{Cb}	3.16±0.11^{Bb}	0.00±0.00^{F}	2.41±0.12^{Dab}	1.92±0.03^{Eb}	3.38±0.09^{Aa}
	90	0.00±0.00^{D}	3.12±0.06^{Aab}	3.14±0.05^{Ab}	0.00±0.00^{D}	2.51±0.05^{Ba}	1.94±0.03^{Cb}	3.18±0.15^{Ab}
	210	0.00±0.00^{D}	3.20±0.02^{Ba}	3.32±0.09^{Aa}	0.00±0.00^{D}	2.37±0.05^{Cab}	0.00±0.00^{Dc}	3.15±0.05^{Bb}
Lactobacillus	0	7.94±0.03^{Ab}	6.71±0.05^{Bb}	6.72±0.01^{Ba}	2.86±0.02^{Eb}	6.71±0.05^{Ba}	5.97±0.05^{Ca}	5.23±0.01^{Db}
	30	3.74±0.04^{Fd}	6.83±0.08^{Aa}	6.59±0.02^{Bb}	5.03±0.02^{Da}	6.54±0.03^{Bb}	5.91±0.04^{Ca}	4.93±0.01^{Ed}
	90	8.18±0.04^{Aa}	6.88±0.03^{Ba}	6.66±0.04^{Dab}	2.28±0.05^{Fc}	6.75±0.03^{Ca}	5.72±0.03^{Eb}	5.71±0.10^{Ea}
	210	4.28±0.02^{Ec}	6.78±0.03^{Aab}	6.73±0.09^{Aa}	2.27±0.08^{Fc}	6.53±0.04^{Bb}	5.74±0.03^{Cb}	5.11±0.01^{Dc}
Coliform	0	0.00±0.00	0.00±0.00	0.00±0.00	0.00±0.00	0.00±0.00	0.00±0.00	0.00±0.00
	30	0.00±0.00	0.00±0.00	0.00±0.00	0.00±0.00	0.00±0.00	0.00±0.00	0.00±0.00
	90	0.00±0.00	0.00±0.00	0.00±0.00	0.00±0.00	0.00±0.00	0.00±0.00	0.00±0.00
	210	0.00±0.00	0.00±0.00	0.00±0.00	0.00±0.00	0.00±0.00	0.00±0.00	0.00±0.00

1) GD1: Goseong, GD2: Sacheon, GD3: Sancheong, GD4: Uiryeong, GD5: Hadong, GD6: Haman and GD7: Hamyang.

2) Mean±S.D. (n=3), Means with different capital letters in the same row and small letters in the same column are significantly different between groups at $p<0.05$ level by Duncan's multiple range test.

숙성기간별 된장의 생균수 변화(22)

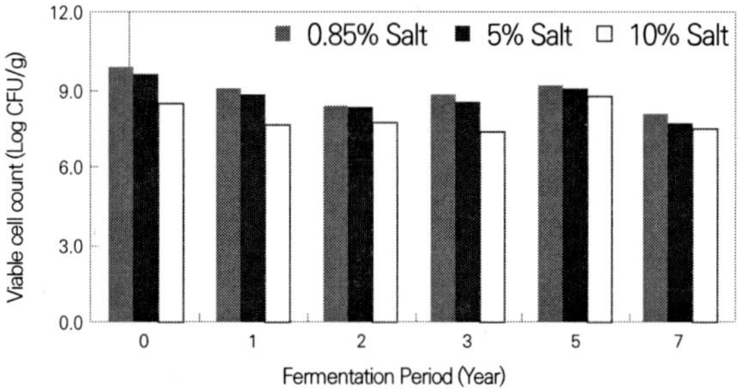

연구논문(33)에 의하면 고추장은 저장 중 바실러스 세레우스는 증식되지 않았다. Lee 등의 연구 결과에서도 저장 기간 중 미생물의 변화는 대체적으로 저장 기간이 증가할수록 감소 경향을 보였고, 특히 곰팡이는 전혀 검출되지 않았다. 이와 같은 미생물 변화는 고추장에서 수분활성도, 수소이온 농도, 염 등이 미생물의 생육인자들로 작용하여 미생물의 증식이 저하된 것으로 보인다고 하였다.

지역별 고추장의 발효 중 미생물 변화(33)

Items	Fermentation period	Gochujang group (Log CFU/g)[1]								
		GG	GW	CB	CN	JB	JN	KB	KN	Average
Aerobic bacteria	0 m	6.22±1.32^{Bb}	7.36±0.94^{Aa}	7.86±0.88^{Aa}	8.20±0.42^{Aa}	7.78±0.82^{Aa}	7.63±0.73^{Aa}	7.60±0.43^{ABa}	5.86±2.17^{ABb}	6.50±1.29
	3 m	8.08±1.32^{ABa}	8.26±0.55^{Aa}	7.72±0.81^{Aa}	7.49±0.81^{Ba}	7.51±0.64^{Aa}	7.42±0.79^{Aa}	7.43±0.49^{Ba}	5.33±1.79^{ABb}	6.92±1.23
	6 m	8.23±1.32^{Aa}	8.08±0.53^{Aa}	7.80±0.84^{Aa}	7.32±0.64^{Ba}	7.47±0.74^{Aa}	7.54±0.94^{Aa}	8.09±0.38^{Aa}	4.85±1.56^{Bb}	7.26±1.33
	12 m	8.23±1.33^{ABa}	7.92±0.58^{Aa}	7.31±1.03^{Aa}	7.57±0.53^{ABa}	7.25±0.66^{Aa}	8.00±1.31^{Aa}	7.92±0.46^{ABa}	7.11±0.63^{Aa}	8.15±0.88
Coliform	0 m	5.43±1.23^{Aa}	0.00±0.00^{Ac}	0.00±0.00^{Ac}	0.00±1.47^{Ab}	0.00±0.00^{Ac}	1.08±1.42^{Abc}	0.84±2.21^{Abc}	0.97±1.68^{Abc}	0.92±2.03
	3 m	2.71±0.00^{Ba}	0.00±0.00^{Aa}	0.00±0.00^{Aa}	0.00±0.00^{Ba}	0.00±0.00^{Aa}	0.00±0.00^{Ba}	0.49±1.29^{Aa}	0.00±0.00^{Aa}	0.69±0.46
	6 m	1.71±0.00^{Ba}	0.00±0.00^{Aa}	0.00±0.00^{Aa}	0.00±0.00^{Ba}	0.00±0.00^{Aa}	0.00±0.00^{Ba}	0.55±1.47^{Aa}	0.00±0.00^{Aa}	0.92±0.52
	12 m	0.00±0.00^{Ba}	0.00±0.00^{Aa}	0.00±0.00^{Aa}	0.00±0.00^{Ba}	0.00±0.00^{Aa}	0.00±0.00^{Ba}	0.00±0.00^{Aa}	0.00±0.00^{Aa}	1.33±0.00
B. cereus	0 m	3.00±0.51^{Aab}	1.10±1.39^{Abc}	2.60±1.42^{Ac}	1.84±1.41^{Aabc}	3.19±1.12^{Aa}	2.54±1.44^{Aab}	2.29±2.33^{Aabc}	1.38±1.41^{Abc}	1.79±1.58
	3 m	3.14±1.04^{Aa}	1.65±1.71A^{abc}	2.24±0.85^{Ac}	1.17±0.85^{Aabc}	2.24±1.19^{ABab}	1.25±1.25A^{abc}	1.49±2.06^{Aabc}	0.80±0.81^{Abc}	1.89±1.41
	6 m	2.00±1.47^{Aa}	1.71±1.54^{Aa}	2.00±1.18^{Aa}	1.44±1.56^{Aa}	1.52±1.45^{Ba}	1.57±1.67^{Aa}	1.89±2.09^{Aa}	1.09±1.14^{Aa}	2.14±1.48
	12 m	1.37±1.60^{Aa}	1.59±1.43^{Aa}	2.53±1.37^{Aa}	1.73±1.42^{Aa}	2.02±1.47^{ABa}	1.00±1.54^{Aa}	2.27±1.81^{Aa}	1.70±1.51^{Aa}	2.91±1.49
Yeast	0 m	1.19±1.36^{Ac}	3.57±0.46^{Aab}	0.00±0.00^{Bc}	4.04±1.50^{Aa}	3.34±1.14^{Aab}	2.47±1.39^{Ab}	3.40±1.04^{Aab}	0.78±0.83^{Ac}	2.09±1.78
	3 m	0.41±1.38^{Ab}	2.13±1.82^{Aab}	2.80±1.37^{ABab}	0.86±1.37^{Bab}	0.92±1.30^{Bab}	0.64±1.06^{Bab}	2.41±1.69^{Aa}	0.66±1.22^{Aab}	1.54±1.55
	6 m	0.44±1.19^{Ac}	2.42±2.55^{Aab}	3.42±1.92^{Aabc}	0.86±1.48^{Bbc}	0.60±0.86^{Bbc}	3.16±1.81^{Aa}	3.68±1.62^{Aa}	0.20±0.53^{Ac}	2.31±1.96
	12 m	0.00±0.00^{Ac}	2.64±1.82^{Aab}	2.15±1.42^{ABbc}	1.23±1.89^{Bbc}	0.00±0.00^{Bc}	3.32±1.68^{Aa}	3.22±1.77^{Aa}	0.37±0.77^{Ac}	2.77±1.84
Fungi	0 m	0.00±0.00^{Ab}	2.83±1.20^{Aa}	0.00±0.00^{Bb}	1.46±1.92^{Aab}	1.64±0.16^{Aa}	1.47±1.47^{Aab}	2.63±2.47^{Aa}	1.51±0.89^{Aab}	1.28±1.58
	3 m	0.00±0.73^{Aa}	1.14±1.47^{Ba}	2.74±1.04^{ABa}	0.06±1.04^{Ba}	3.37±6.94^{Aa}	0.46±0.76^{Aa}	2.03±2.59^{Aa}	0.42±0.92^{Aa}	1.47±2.78
	6 m	0.00±0.00^{Aa}	0.86±1.47^{Ba}	0.00±0.00^{Ba}	0.24±0.62^{Ba}	0.09±0.21^{Aa}	0.47±0.89^{Aa}	1.05±1.80^{Aa}	0.56±1.11^{Aa}	1.03±1.00
	12 m	0.00±1.30^{Aa}	0.60±1.58^{Ba}	2.01±1.38^{Aa}	0.00±0.00^{Ba}	0.00±0.00^{Aa}	0.29±0.76^{Aa}	1.11±1.28^{Aa}	0.50±0.85^{Aa}	1.83±1.08

[1]GG, Gyeonggi-do; GW, Gangwon-do; CB, Chungcheongbuk-do; CN, Chungcheongnam-do; JB, Jeollabuk-do; JN, Jeollanam-do; KB, Gyeongsangbuk-do: KN, Gyeongsangnam-do.
[2]Any means in the same fermentation time (A-B) or region (a-c) followed by different letters are significantly ($p<0.05$) different by Duncan's multiple range test.

2) 장류 중 바실러스 세레우스가 숙성/유통/저장 중에 증식되지 않는 이유는

된장 바실러스 세레우스는 숙성/유통/저장 중에 균은 증식되지 않는다. 이유는 장류의 소금 농도는 10~20%로서 소금이 바실러스 세레우스의 증식을 저해하기 때문이다.
결론적으로 장류 중 바실러스 세레우스는 저장 중에 증가하지 않는다는 것이 저장기간별로 실험 결과에서도 확인이 되었으며, 이유로는 소금과 바실러스 세레우스의 생육실험에서 소금이 바실러스 세레우스의 생육을 저해하는 것으로 밝혀졌다.

소금(염) 농도와 바실러스 세레우스의 생육

연구논문에 의하면 바실러스 세레우스는 10% 및 8% 소금 농도에서 세균 생육단계 지연기(유도기) 및 초기 대수기 단계에서 저항성을 보였으며, 생육단계 후기 대수기 단계에 접어들면서 점점 더 민감해졌다. **바실러스 세레우스의 생육은 12% NaCl에 대한 저항성이 가장 컸다. 이는 삼투 스트레스로 저항성에 대한 가장 강력한 조건을 가졌다.** 소금은 세포에 대한 농축(건조) 효과가 모든 용질의 농도를 증가시키기 때문에 많은 스트레스 반응을 유발한다(41).

이러한 것은 장류 중에 바실러스 세레우스가 숙성/저장/유통 중에 증식하지 못한 가장 큰 이유이다.

Effect of pretreatment with a low level of stress in enhancing survival of *Bacillus cereus* when exposed to a high level of stress

	Heat (43 °C)	NaCl (1%)	Ethanol (2·5%)	H_2O_2 (30 μmol l^{-1})
Heat (49 °C)	2–4	1–3	1–3	1–3
NaCl (12%)	X	X	X	X
Ethanol (12%)	X	1–2	1–3	1–2
H_2O_2 (5 mmol l^{-1})	X	1–3	X	1–4

The values indicate the number of logs of protection achieved due to pretreatment, 1 log of protection representing a 10-fold greater survival of stress following pretreatment compared with high stress treatment alone.
X, No protection.

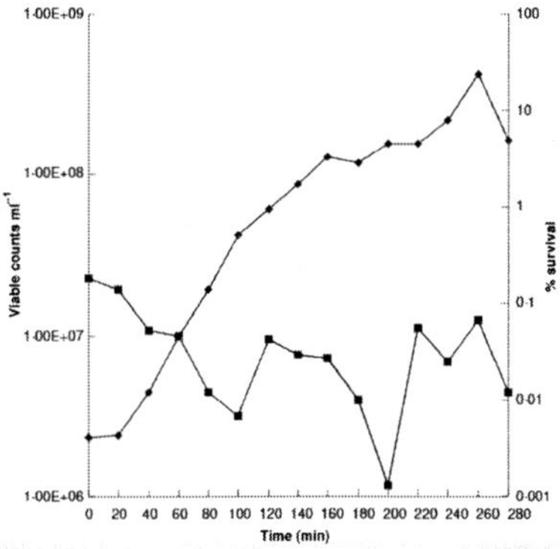

Fig. 2 Osmotic sensitivity at different stages of the growth cycle. The culture was grown in Luria broth (LB; 05% NaCl), and aliquots were sampled at the times indicated and supplemented with NaCl to a concentration of 12% or kept in LB for 20 min◆, Culture titre; ■, percentage survival in 12% NaCl compared with 05% NaCl

* 출처: N. Browne and B.C.A. Dowds, Heat and salt stress in the food pathogen Bacillus cereus. 2001 The Society for Applied Microbiology, Journal of Applied Microbiology, 91, 1085-1094

한식 장류의 소금(염) 농도

한식 장류의 소금 농도는 10~20%로서, 장류 중 소금이 장류의 숙성/저장/유통 중에 바실러스 세레우스 증식을 저해한 것으로 보인다(42).

한식간장과 된장의 염농도 및 pH(42)

식품유형	이화학 특성 (평균 ± 표준편차)	
	염도	pH
양조간장	4.9 ± 1.1	4.7 ± 0.1
한식간장	12.7 ± 6.0	5.3 ± 0.7
한식된장	9.4 ± 2.3	5.4 ± 0.4

결론적으로 장류 중 바실러스 세레우스는 저장 중에 증가하지 않는다는 것이 저장 기간별로 실험 결과에서도 확인이 되었으며, 이유로는 소금과 바실러스 세레우스의 생육 실험에서 소금이 바실러스 세레우스의 생육을 저해하는 것으로 밝혀졌다.

3) 된장 등 장류 중 바실러스 세레우스는 식중독을 일으킬 가능성이 매우 낮다

된장 중 바실러스 세레우스는 오염에 의한 것이 아니고 메주에서 유래된 것으로, 여름철을 지나도 증가하지 않는다. 숙성/유통/저장 중에 균은 증식되지 않는다는 것이다. 즉, 된장의 바실러스 세레우스는 메주에서 유래된 초기오염 균수라고 보면 된다.

장류 중 바실러스세레우스의 기준(10^4CFU/g이하)를 100배 초과한 10^6CFU/g이 오염된 된장이라고 할지라도 이 정도의 균수와 섭취량(된장 섭취량 12g)으로 볼 때, 된장 중 바실러스 세레우스는 식중독을 일으킬 염려가 없다.

결론적으로 지금까지 검토한 바에 의하면, 장류 중 바실러스 세레우스는 식중독을 일으킬 가능성은 매우 낮아 보인다.

바실러스 세레우스가 인체 소장에서 장독소를 생성하려면 10^5CFU/g 이상의 균이 존재하여야 하는데, **된장 등 장류의 숙성/저장/유통 중 바실러스 세레우스의 증식은 기하급수적으로 일어나지 않는다는 것이 확실하다.** 그렇다면 장류 중 **바실러스 세레우스**의 증식이 1g당 10^7~10^8까지 증식할 가능성은 낮다.

따라서, 된장의 섭취량(12g/day, 전체 식품 섭취량의 1~2% 이내)으로 볼 때, 설령 장류 기준치(1g당 10^4) 이상으로 오염된 된장이라고 하더라도 설사형 장독소(엔테로톡신) 생성이나 구토형 독소(세룰라이드)의 의한 식중독에 미치는 영향은 미미할 것으로 보인다.

첫째, 된장, 간장, 고추장은 저장 중 바실러스 세레우스는 증식되지 않는다.
둘째, 간장, 고추장의 섭취량은 하루 평균 10g 이하로 전체 식품 섭취량의 1%도 되지 않는다.
셋째, 된장과 마찬가지로 간장, 고추장의 바실러스 세레우스 기준을 100배 초과한 10^6CFU/g이 오염되었다고 할지라도 이 정도의 균수와 간장, 고추장의 섭취량으로 볼 때, 바실러스 세레우스는 식중독을 일으킬 염려가 없어 보인다.

결론적으로,

첫째, 장류는 바실러스 세레우스가 오염되었다 할지라도 세룰라이드 독소를 생성할 가능성은 없다.

둘째, 그렇다고 장류에 존재하는 바실러스 세레우스가 소장 내에 들어가 장독소를 생성할 정도의 장류 섭취량은 많지 않다.

셋째, 장류 중에 오염된 바실러스 세레우스가 숙성/저장 중에 증식할 가능성도 없다. 따라서, 장류 중 바실러스 세레우스는 식중독을 일으킬 가능성은 매우 낮아 보인다.

7. 장류 섭취로 인한 독소형 바실러스 세레우스 식중독 발생 가능성은 없다

1) 바실러스 세레우스 증식과 세룰라이드 생성

EFSA(2016)나 FDA(2012)에 의하면 일반적으로 바실러스 세레우스의 유해크기는 식중독과 일반적으로 관련된 감염량(균수)은 1g당 10^5~10^8개의 집락(CFU/g)이지만 식중독은 세균 자체가 아니라 미리 형성된 독소에 의하여 발생한다. 일반적으로 식품이나 소장에서 식중독과 관련된 양의 독소를 생성하려면 식품 1g당 10^5~10^8개의 집락(CFU/g)까지 세포가 증식해야 한다. 즉, 바실러스 세레우스가 식중독을 일으키려면 식품이나 소장에서 1g당 10^5개 이상이 증식해 있을 때 독소 생성이 시작된다.

식품에서 바실러스 세레우스 균수는 1g당 10^5CFU 이상일 때 **세룰라이드 독소가 생성**되며, **이 독소를 체중 kg당 8μg을 섭취**하면 식중독이 발생한다.

세룰라이드는 미생물 생육단계의 중기 내지 후기 대수기(기하급수적 증가 시기) 단계에서 생성되며 바실러스 세레우스가 증식함에 따라 점차 증가하는 것이 분명하다. 바실러스 세레우스가 성장 정지기에 접어들면 세룰라이드 생산 속도는 점차 느려지거나 안정화되는 경향이 있다.

it is evident that cereulide is usually produced in the mid to late exponential phase and gradually increases as *B. cereus* grows. The rate of cereulide production will gradually slow down or even tend to stabilize when B. cereus enters the growth stationary phase.

* 출처: Wang, Y.; Liu, Y.; Yang, S.;Chen, Y.; Liu, Y.; Lu, D.; Niu, H.; Ren,F.; Xu, A.; Dong, Q. Effect of Temperature, pH, and aw on Cereulide Synthesis and Regulator Genes Transcription with Respect to Bacillus cereus Growth and Cereulide Production. Toxins 2024, 16, 32.

바실러스 세레우스 최대 균수와 세룰라이드 생성 농도

Group	Temperature (°C)	pH	a_w	Y_{max} (log_{10} CFU/mL)	Cereulide Concentration (ng/g) [1]	Adj. R^2
I. No growth	15	6.5	0.945	NG	-	-
	15	5	0.970	NG	-	-
	30	5	0.945	NG	-	-
	45	5	0.970	NG	-	-
	45	6.5	0.945	NG	-	-
II. Growth with cereulide production	15	8	0.970	6.85 ± 0.04	3.15 ± 0.81	0.975
	15	6.5	0.996	7.30 ± 0.07	119.16 ± 22.21	0.978
	30	8	0.996	8.15 ± 0.06	142.68 ± 13.82	0.995
	30	5	0.996	7.76 ± 0.07	220.73 ± 11.77	0.992
	30	6.5	0.970	7.10 ± 0.07	10.19 ± 2.26	0.988
	30	8	0.945	7.02 ± 0.06	11.73 ± 5.14	0.978
III. Growth without cereulide production	45	6.5	0.996	7.16 ± 0.07	<0.1 [2]	0.983
	45	8	0.970	7.05 ± 0.06	<0.1 [2]	0.946

[1] Data represented means ± standard deviations from at the latest three time points during *B. cereus* growth stabilization phase; [2] Cereulide concentration was lower than LoQ; NG, no growth; -, no result; Values are means ± standard deviations of three biological duplicate experiments.

바실러스 세레우스 생육과 세룰라이드 생성

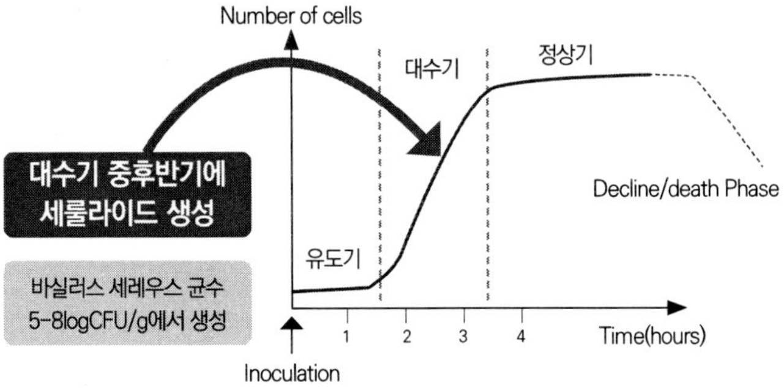

2) 장류는 세룰라이드 독소를 생성할 가능성이 낮다

장류는 바실러스 세레우스가 오염되었다 할지라도 세룰라이드 독소를 생성할 것 같지는 않다. 된장 등 장류에서 바실러스 세레우스에 의한 세룰라이드 독소는 생성되지 않는다.

그 이유로는,

첫째, 식품에서 세룰라이드 독소는 바실러스 세레우스 균수는 1g당 10^5CFU 이상일 때 **세룰라이드 독소가 생성**되는데, 장류 중 바실러스 세레우스 오염도를 보면 모두 1g당 10^4CFU 이하이다.

둘째, 장류의 바실러스 세레우스 오염수준은 국내 유통 양조간장 75건, 한식간장 200건, 한식된장 275건 분석 결과, 한식된장 3.5 log CFU/g(67.8%), 한식간장 3.0 log CFU/g(33.5%), 양조간장 2.0 log CFU/g(10.7%)이었다(42).

장류에서 바실러스 세레우스 검출 연구사례(42)

대상 식품	오염 균주	오염도[발생건수 (오염수준)]	참고문헌
된장	바실루스 세레우스	2/6 (33.3%) (2.3 - 2.5 log CFU/g)	이 등(2009)
한식된장	바실루스 세레우스	4/4 (100.0%) (2.3 - 2.7 log CFU/g)	이 등(2009)
된장	바실루스 세레우스	35/45 (77.8%) (평균 1.5 log CFU/g)	정(2017)
한식된장	바실루스 세레우스	15/30 (50.0%) (평균 1.3 log CFU/g)	정(2017)
된장	바실루스 세레우스	3/18 (16.7%) (0.8 - 3.2 log CFU/g)	김(2022)
한식된장	바실루스 세레우스	5/24 (20.8%) (0.0 - 2.5 log CFU/g)	김(2022)
양조간장	바실루스 세레우스	2/3 (66.7%) (1.0 log CFU/g)	김 등(2017)
한식간장	바실루스 세레우스	16/19 (84.2%) (1.0 - 3.9 log CFU/g)	김 등(2017)
양조간장	바실루스 세레우스	불검출	김(2022)
한식간장	바실루스 세레우스	2/24 (8.3%) (0.0 - 0.6 log CFU/g)	김(2022)

셋째, 그리고 된장 등 장류는 소금 농도로 인하여 숙성이나 유통/저장 중에 바실루스 세레우스는 증가하지 않는다.

따라서 장류 중에 바실러스 세레우스균의 오염 수준과 증식 가능성으로 볼 때, 장류 중에 세룰라이드 독소는 생성될 가능성이 낮다.

3) 장류의 섭취로 인하여 세룰라이드의 인체 최대무독성량을 초과하지 않는다

구토형 식중독의 경우, 바실러스 세레우스에 의해 식품에 생성된 독소(세룰라이드)을 섭취하면 식중독이 발생한다. 이때 독소의 양(식중독을 일으키는 양, 인체 최대무독성량)은 체중 kg당 8μg 이상이면 식중독이 발생한다.

바실러스 세레우스가 오염된 쌀밥을 먹은 후 구토형 식중독 발생사례를 참고하면,

벨기에 사례에서 보듯이, 세룰라이드 독소가 12.22μg/g 검출된 쌀밥을 50g을 먹었다면 독소 섭취량은 611μg(12.22μg/g × 50g)을 먹은 셈이다. 그러나 12g(된장 섭취량) 먹었다면 독소 섭취량은 146.62μg(12.22μg/g × 12g)으로 유해크기(성인의 경우, 480μg)를 초과하지 않아서 식중독은 발생하지 않았을 것이다.

마찬가지로 쌀밥의 경우처럼 독소가 생성된 된장 12g을 먹었다고 할지라도 식중독은 일어나지 않는다.

이처럼 설령, 장류에 세룰라이드가 생성되었다 할지라도 장류는 섭취량 소량이어서 구토형 식중독이 발생할 가능성이 없어 보인다.

8. 장류 섭취로 인한 설사형 바실러스 세레우스 식중독 발생 가능성은 없다

장류는 바실러스 세레우스가 오염되었다 할지라도 장류 섭취로 인한 장독소를 생성할 것 같지는 않다.

왜냐하면,

① 장류의 바실러스 세레우스 오염도는 1g당 10^4CFU 이하로서 숙성/저장/유통 중에도 증식되지 않는다. 이유는 장류의 특성상 소금에 의한 삼투작용 스트레스로 바실러스 세레우스가 증식(성장)하지 못하기 때문이다.

② 장독소는 장류를 섭취하여 소장 내에서 바실러스 세레우스 균수가 1g당 10^5CFU 이상일 때 생성되는데, 장류 중 바실러스 세레우스 오염도를 보면 모두 균수가 1g당 10^4CFU 이하이다.

③ 따라서 장류 중에 바실러스 세레우스의 오염 수준과 증식 가능성으로 볼 때, 장류 섭취로 인하여 소장 내에서 장독소(엔테로톡신)를 생성할 가능성은 낮다.

④ 한편, 장류는 바실러스 세레우스가 오염되었다 할지라도 장류에 존재하는 균이 소장 내에 들어가 장독소를 생성할 정도의 장류 섭취량은 많지 않다.

결론적으로 장류 섭취로 인한 설사형 바실러스 세레우스 식중독 발생 가능성은 없다고 볼 수 있다.

9. 바실러스 세레우스에 의한 식중독도 인체에 노출된 균양(세균 섭취량)이 중요하다

바실러스 세레우스는 이 균의 증식에 의한 독소를 생성하여 그 독소에 의하여 식중독을 유발한다. 이때 만들어내는 독소에 따라 설사형(장독소)과 구토형(세룰라이드) 증상을 일으킨다.

일반적으로 식품(세룰라이드)이나 소장(장독소)에서 식중독과 관련된 양의 독소를 생성하려면 식품 1g당 10^5~10^8개의 집락(CFU/g)까지 세포가 증식해야 한다.

즉, 바실러스 세레우스가 식중독을 일으키려면 식품이나 소장에서 1g당 10^5개 이상이 증식해 있을 때 독소 생성이 시작된다.

바실러스 세레우스 생육과 장독소 생성

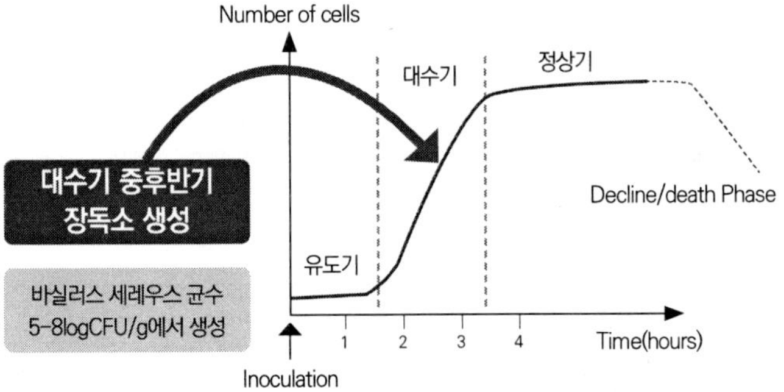

그래서 세균 양(바실러스 세레우스)을 적게 먹으면 소장에서 장독소를 생성할 수 없다. 장독소량이 적으면 설사형 식중독은 일어나지 않는다.

구토형 바실러스 세레우스 식중독도 마찬가지다. 구토형은 세룰라이드 독소를 식품에 생성하는데 균수가 적으면 독소를 만들 수 없다. 설령 이 독소를 생성하였다 할지라도 적게 먹으면 식중독은 일어나지 않는다.

따라서 장류는 바실러스 세레우스에 오염되어 있다고 할지라도 장류의 섭취량이 소량(10g내외)이어서 균양이나 독소 양이 적을 수 밖에 없다. 그래서 장류로 인한 바실러스 세레우스 식중독은 거의 일어나지 않는다.

우리나라의 식품 중 바실러스 세레우스의 기준도 정량 기준으로 정해져 있다. 생식, 과채 음료 등은 g당 1,000마리(CFU/g), 장류 또는 장류 원료 식품은 g당 10,000마리(CFU/g), 영유아식은 g당 100마리(CFU/g) 정도의 바실러스 세레우스 검출을 허용하고 있다. 식품별로 기준치가 다른 것은 식품의 섭취량 때문이기도 하다. 과채음료나 생식은 1회 섭취량이 많은 반면, 된장, 간장, 소스 등은 1회 섭취량이 소량이다. 섭취량이 많은 식품은 섭취량이 적은 식품보다 균수(균양)를 더 적게 기준으로 설정해야 식중독 발생을 제어할 수 있기 때문이다. 영유아식의 경우 기준이 제일 낮은 이유는 민감성 때문이기도 하지만, 하루 섭취하는 식품이 다른 식품은 별로 먹지 않고 대부분 그 식품(영유아식)에만 의존하기 때문이다. 즉, 섭취량이 많기 때문에 가장 엄격한 기준을 적용하고 있다.

우리나라 식품중 바실러스 세레우스의 기준(식약처)

대상식품	규격
① 식육(제조, 가공용원료는 제외), 살균 또는 멸균 처리하였거나 더 이상의 가공, 가열조리를 하지 않고 그대로 섭취하는 가공식품 중 장류(메주 제외) 및 소스, 복합조미식품, 김치류, 젓갈류, 절임류, 조림류	g당 10,000 이하(멸균제품은 음성이어야 한다)
② 식육(제조, 가공용원료는 제외), 살균 또는 멸균 처리하였거나 더 이상의 가공, 가열조리를 하지 않고 그대로 섭취하는 가공식품 중 위 ①을 제외한 것	g당 1,000 이하(멸균제품은 음성이어야 한다)
③ 영아용 조제식, 성장기용 조제식, 기타, 영·유아식	n=5, c=0, m=100(멸균제품은 제외한다)
④ 영·유아용 곡류조제식	n=5, c=0, m=100
⑤ 체중조절용 조제식품	n=5, c=0, m=100 (단, 장류를 원료로 사용하는 제품은 n=5, c=0, m=1,000)
⑥ 생식류	1g당 1,000 이하
⑦ 즉석섭취·편의식품류	1g당 1,000 이하(즉석섭취식품, 신선편의식품에 한한다)

VII

한식 장류의 안전성 이해

VII

한식 장류의 안전성 이해

1. 식품 중 비의도적 오염 유해물질의 안전성 이해

식품 중 유해물질은 크게 의도적 사용 유해물질과 비의도적 오염 유해물질로 나누어 관리한다. 농약, 동물용 의약품 등은 의도적 사용 유해물질이다. 이러한 의도적 사용 유해물질은 식품에서 관리 가능한 물질만 허용하고 사용토록 하고 있으며, 사후관리를 통하여 식품의 안전성을 관리한다.

그러나 비의도적 오염 유해물질은 사람이 인위적으로 관리할 수 없는 유해물질들이 많다, 따라서 훨씬 관리하기가 어렵고 복잡하다. 그래서 중금속, 곰팡이독소, 방사성물질과 같은 비의도적 오염 유해물질은 가능한 한 최소량(ALARA)으로 식품 중에 오염되도록 관리하는 것이다.

아플라톡신, 방사성물질 등과 같은 발암물질은 의도적으로 식품에 오염되어서는 안 된다는 것이다. 어쩔 수 없이 오염될 경우, 비용편익 분석 등을 통하여 ALARA 원칙에 따라 그 양을 최소화해야 한다. 비용이 들더라도 더 많은 노력과 과학적인 방법으로 저감화 등을 통하여 식품 중에 최소화하여야 한다.

쌀에 카드뮴이 0.3mg/kg 오염되었다면 우리나라는 폐기 처리한다. 그러나 일본은 먹는다. 왜냐하면, 그것은 카드뮴 기준이 우리는 0.2mg/kg 이하, 일본은 0.4mg/kg 이하이기 때문이다. 그럼 쌀 중 카드뮴 기준이 우리나라와 일본이 왜 다를까. 그 답은 최소량의 원칙(ALARA) 때문이다. 일본은 화산 폭발 등으로 토양에 카드뮴이 우리나라보다 많이 오염되어 있어서 일본에서 재배한 쌀은 카드뮴 함량이 높을 수밖에 없다.

중금속인 카드뮴이 오염된 쌀을 우리는 버리는데 일본 왜 먹는가 하는 의문이 있을 것이다.

일본 쌀에 우리나라의 기준을 적용하면 못 먹는 쌀이 많을 것이고 그러면 일본은 식량 확보가 어려울 것이기 때문이다.

우리나라는 왜 쌀 중 카드뮴의 기준을 0.2mg/kg 이하로 설정한 걸까? 우리나라는 0.2mg/kg 이하로 설정하더라도 국내산 쌀은 대부분 이 기준에 적합하며, 굳이 기준을 더 높게 설정하여 카드뮴이 함량이 높은 쌀을 먹을 필요는 없다. **결국 쌀에 카드뮴 기준을 일본보다 낮게 설정한 것은 쌀 섭취로 인한 카드뮴의 인체 노출량을 최대한 줄이기 위한 안전관리 수단이다.** 우리나라도 일부 폐광산 지역에서 생산된 쌀의 경우 이 기준을 초과하는 경우도 있다.

따라서, 식품 중 비의도적 오염 유해물질은 식품별 개별 기준보다는 인체에 총 노출량으로 관리하는 것이며, 식품별 개별 기준은 인체 총 노출량을 관리하기 위한 수단이다. 식품 중 비의도적 오염 유해물질은 가능한 한 최소량으로 식품에 존재하도록 관리하는 것이 원칙이며, 국제적 규약이다.

현재, 일본 사람들의 경우, 카드뮴이 0.3mg/kg 오염된 쌀을 섭취하고도 지금까지 모두 건강하게 살고 있다. 그것은 일본 사람들의 카드뮴 인체 총 노출량이 카드뮴의 유해크기인 독성값(인체노출안전기준)을 초과하지 않기 때문이다.

결론적으로 식품 중에 오염된 유해물질은 인체 총 노출량으로 관리하며, 인체 총 노출량이 그 유해물질의 유해크기인 독성값(인체노출안전기준)을 초과하지 않으면 안전하다고 볼 수 있다.

2. 한식 장류는 유해물질로부터 안전한가

"우리 전통 한식 장류는 유해물질로부터 안전하다. 발효 장류는 발암 식품이 아니다."

1) 바이오제닉아민

발효 장류에 존재하는 바이오제닉아민은 발암물질이 아니며, 체내에서 발암물질을 생성할 가능성도 매우 낮다. 더구나 장류 중 바이오제닉아민으로 인한 발암 가능성은 없다고 보면 된다.

첫째, 바이오제닉아민이 오염된 한식 장류의 섭취로 인한 발암성은 없다.

발효 장류 중 바이오제닉아민은 인체의 소장, 간 등에 존재하는 효소작용에 의해 체내 짧은 반감기(히스타민 102초, 티라민 30여 분)를 가지며 그 분해산물은 약리적 효능 또는 독성이 없다. 다만, 체내에서 분해되기 전 짧은 시간에 아질산 이온과 결합하여 니트로사민으로 전환될 가능성은 낮은 것으로 알려져 있다.

체내(혈액, 위액, 소변 및 모유)에서는 바이오제닉아민이 니트로사민으로 변화된다는 문헌이나 보고는 없으며, 특히 바이오제닉아민과 관련된 빠른 대사효소계를 고려하여 볼 때, 바이오제닉아민이 **니트로사민으로 전환될 가능성은 매우 낮다.**

① 2021년 식약처 연구보고서(유해물질 저감화 기반연구Ⅱ)에 의하면 장류 중 니트로사민은 거의 존재하지 않았다. 이것은 장류 중 바이오제닉아민이 니트로사민으로 거의 전환되지 않았다는 것이다.

② 체내(혈액, 위액, 소변 및 모유)에서 바이오제닉아민이 니트로사민으로 전환될 가능성은 매우 낮다.

③ 체내 존재하는 니트로사민은 그 기원이 알려져 있지 않으며, 식품 섭취로 인한 니트로사민은 간에서 분해되어 체내에서 거의 존재하지 않는다는 사실이다(EFSA).

④ 바이오제닉아민이 체내에서 니트로사민으로 전환된다고 가정하고, 식약처(2016)에서 식품 중 바이오제닉아민을 섭취했을 경우, 위해성 평가를 했을 때도 발암 가능성은 없다고 발표하였다. 특히, 장류를 포함한 조미식품은 바이오제닉의 인체 총 노출량이 전체 식품의 10% 이하이다.

따라서, 바이오제닉아민이 함유된 장류 섭취로 인한 발암성은 없다고 보면 된다.

둘째, 히스타민이 오염된 한식 장류 섭취로 인한 식중독은 발생하지 않는다.

발효 장류에 히스타민이 1,000mg/kg이 오염되었다고 할지라도 장류는 한 끼 식사로 섭취하는 양이 10g 내외(간장 8g, 된장 12g, 고추장 10g)로, 체내에 노출되는 히스타민 양은 10mg 내외로 히스타민 유해크기인 인체 최대무독성량(인체노출안전기준)의 50mg에는 못 미치는 양이다. 이 또한 곧바로 분해되어 사라지고 축적되지 않기 때문에 식중독은 일어날 수 없다.

우리나라의 경우, 어류에 의한 히스타민 식중독은 종종 보고되고 있으나, 장류에 섭취에 의한 히스타민 식중독은 아직까지 보고된 바가 없다. 이유는 장류와 어류의 한 끼 섭취량의 차이로 보면 된다.

예를 들어, 된장 중 히스타민 검출량은 952mg/kg이고, 된장의 1일 섭취량(실제 섭취자 기준)이 12g이라면, 이 된장의 안전성은 어떠한가?

* 히스타민의 인체노출안전기준(인체 최대무독성량, FAO/WHO)은 성인의 경우, 50mg이다.

→ 된장 섭취로 인한 히스타민 인체 노출량(된장 중 히스타민 검출량 × 된장의 1일 섭취량)은 계산하면 11.4mg이다. 이를 히스타민의 유해크기인 인체 최대무독성량(50mg)과 비교하면 **된장 섭취로 인한 히스타민의 위해크기는 22.8% 수준으로 위해 우려가 없다.** 설령, 된장을 극단적으로 보통 사람보다 2배로 많이 섭취한 사람이라고 할지라도 위해 우려는 없다. 한편, 된장의 섭취량은 1일 섭취량으로 1회 섭취량으로 하면 이보다 더 적을 수 있다. 더구나, 히스타민은 체내에서 몇 분 이내에 분해되어 사라진다.

따라서 **히스타민이 다량 검출된 된장을 먹어도 인체에는 전혀 위해가 없다.**

셋째, 티라민이 오염된 한식 장류 섭취로 인체에 미치는 영향은 없다.

장류 중 바이오제닉아민인 티라민 안전성을 보면, 건강한 성인의 경우, 장류로 인한 티라민의 인체 1일 노출량은 타라민 유해크기인 인체 최대무독성량(인체노출안전기준, 600mg)의 1%도 안 된다.

장류로 인한 티라민은 인체에 아무런 영향을 미치지 않는다.

만약, 항우울제나 혈압 강화제로 사용되는 약물인 모노아민옥시다아제(MAO) 억제제를 복용하고 있는 경우는 체내에서 티라민이 분해되지 않기 때문에 티라민이 과량 함유된 식품의 섭취를 주의해야 한다. 하지만, 장류로 인한 티라민의 인체 1일 노출량은 모노아민옥시다아제(MAO) 억제제를 복용하고 있는 경우 타라민 유해크기인 최대무독성량(50mg)의 10% 정도이다. 이 역시 장류로 인한 티라민은 인체에 아무런 영향을 미치지 않는다.

예를 들어, 된장 중 티라민 검출량은 1,430mg/kg이고, 된장의 1일 섭취량(실제 섭취자 기준)이 12g이라면, 이 된장의 안전성은 어떠한가?

* 티라민의 유해크기인 인체노출안전기준(인체 최대무독성량)은 1일 600mg, 모노아민옥시다아제(MAO)억제제를 복용하고 있는 성인의 경우, 50mg이다.

→ 된장 섭취로 인한 티라민의 인체 노출량(된장 중 티라민 검출량 × 된장의 1일 섭취량)은 계산하면 17.1mg이다. 이를 티라민의 유해크기인 인체 최대무독성량(600mg)과 비교하면 **된장 섭취로 인한 티라민의 위해크기는 2.8% 수준으로 위해 우려가 없다.** 모노아민옥시다아제(MAO) 억제제를 복용하고 있는 경우도, 인체 최대무독성량(50mg)과 비교하면 34.2% 수준으로 위해 우려는 없다. 설령, 된장을 극단적으로 보통 사람보다 2배로 많이 섭취한 사람이라고 할지라도 위해 우려는 없다. 더구나, 티라민은 체내 반감기가 30여 분으로 체내에서 30분 정도 지나면 분해된다.

2) 된장 중 곰팡이독소, 아플라톡신

식품을 통하여 유해물질인 아플라톡신이 인체에 들어오는 양은 장류뿐만 아니라 모든 식품을 통하여 우리 몸으로 들어온다(노출된다). 식품 중 장류는 특히, 된장은 인체 섭취량이 적기 때문에 된장에 아플라톡신이 오염되었다고 할지라도 인체에 들어오는 양은 많지 않다. 따라서 장류 섭취로 인한 아플라톡신의 인체 노출은 인체 위해에 거의 영향을 미치지 않는다는 것이다.

첫째, 결론적으로 한식 장류로 인한 아플라톡신의 인체 위해는 그렇게 걱정하지 않아도 된다.

발암물질인 아플라톡신은 된장에서 거의 검출되지 않는다. 하지만, 아플라톡신이 가끔 검출된다고 할지라도 된장의 섭취량이 1일 평균 12g 정도로, 다른 모든 식품에서 아플라톡신의 오염을 고려하더라도 인체 위해 영향은 미미하다.

하지만, **발암물질인 아플라톡신은 식품 제조에서 최소화할 필요가 있다.** 이를 위해서는,

① 메주와 장류를 직접 제조할 경우, 장을 담그기 전 메주의 아플라톡신 검사를 하여 아플라톡신이 검출되지 않은 메주를 사용하라.

② 가정에서 전통 한식 장류를 제조할 경우, 맛과 안전성이 확보된 씨메주 또는 시판되는 종국을 사용하여 메주를 제조하는 방법도 아플라톡신을 최소화하는 하나의 방법일 수 있다.

③ 마지막으로 중요한 것은 장 분리 후 된장은 반드시 6개월 이상 충분히 숙성시켜 먹어라.

둘째, 한식 장류 섭취로 인한 오크라톡신 역시 우리 인체에 위해를 미치지 않았다.

우리나라 식품섭취로 인한 오크라톡신의 인체 위해수준은 안전하며, 유럽과 비교할 때 매우 미미한 수준이다.

셋째, 간장, 청국장, 고추장은 곰팡이독소(아플라톡신)을 걱정할 필요가 없다.

간장은 메주에서 소금물로 추출한 것이기 때문에 설령 메주에 아플라톡신이 존재한다고 할지라도 아플라톡신 함유량은 미미하다. 아직까지 아플라톡신 기준에 부적합한 간장은 없었다.

청국장 제조는 메주를 이용하지 않고 곧바로 삶은 콩을 단시간(일)에 발효를 하기 때문에 아플라톡신이 거의 생성되지 않는다.

고추장도 메주를 사용하지 않거나, 사용하더라도 소량 사용하기 때문에 아플라톡신은 거의 검출되지 않는다. 고추장, 청국장 모두 아직까지 아플라톡신이 부적합한 사례는 없었다.

3) 바실러스 세레우스 식중독균

된장 중 바실러스 세레우스는 오염에 의한 것이 아니고 메주에서 유래된 것으로 보아야 한다. 된장의 숙성/유통/저장 중에 바실러스 세레우스는 증식되지 않는다는 사실이고, 여름철을 지나도 증가하지 않는다. 결국, 된장 중 바실러스 세레우스는 메주에서 유래된 초기오염 균수라고 보면 된다.

따라서, 장류 중 바실러스 세레우스는 균의 증식이 일어나지 않아서 초기 균수가 장류 중 바실러스 세레우스의 기준(10^4CFU/g 이하)의 100배 초과한 10^6CFU/g일지라도 이 정도의 균수와 섭취량(된장 섭취량 12g)으로는 식중독을 일으킬 염려가 없다.

독소형 바실러스 세레우스 식중독의 경우, 균이 10^5CFU/g 이상일 때부터 세룰라이드 독소를 생성하며, 생성된 독소를 성인의 경우 480μg 이상의 세룰라이드 독소를 섭취해야 식중독에 걸린다. 그러나 장류 섭취로 인하여 480μg 이상의 세룰라이드 독소를 섭취하기는 거의 불가능하다. 왜냐하면 장류 섭취량이 적기 때문이다.

또한, 설사형 바실러스 세레우스 식중독의 경우도 장류에 증식한 균이 소장 내에 들어가 장독소를 생성할 정도의 장류 섭취량은 아닌 것 같다. 장류 중에 오염된 바실러스 세레우스가 숙성/저장 중 증식할 가능성도 적어 보인다.

결론적으로,

첫째, 장류는 바실러스 세레우스가 오염되었다고 할지라도 세룰라이드 독소를 생성할 가능성은 매우 낮다.

둘째, 그렇다고 장류에 존재하는 바실러스 세레우스가 소장 내에 들어가 장독소를 생성할 정도의 장류 섭취량(바실러스 세레우스 균수)은 많지 않다.

셋째, 특히, 장류 중에 오염된 바실러스 세레우스는 숙성/저장 중에 증식하지 않는다.

따라서 지금까지 검토한 바에 의하면, 장류 중 바실러스 세레우스는 식중독을 일으킬 가능성은 매우 낮다.

3. 한식 장류의 안전성과 위해관리

장류는 주로 비의도적 오염에 의한 유해물질이 존재하게 된다. 아플라톡신과 같은 곰팡이독소는 메주를 만드는 과정에서 곰팡이독소를 생성하는 곰팡이의 오염에 의해 어쩔 수 없이 생성된다. 히스타민과 같은 바이오제닉아민도 마찬가지이다. 발효/숙성과정에서 어쩔 수 없이 생성될 수밖에 없다. 바실러스 세레우스 식중독균은 농산물인 콩에 존재하다가 장류로 이행되면서 장류에 존재하게 된다. 장류 중 위해요소(유해물질)는 모두 발효과정에서 비의도적으로 존재한다. 한식 장류는 자연발효에 의한 식품으로 이는 어쩔 수 없다. 그렇다고 먹지 않을 수 없다.

모든 식품은 유해물질이 존재한다. 하지만 그 양이 미미해서 인체에 해(害)를 끼치지 않기 때문에 우리는 먹고 있는 것이다. 장류도 마찬가지이다. 장류에 존재한 유해물질은 그 양이 미미할 뿐만 아니라 사람이 먹는 장류의 양(장류 섭취량)이 소량이어서 실제로 인체에 들어오는 유해물질은 극히 미미할 뿐이다. 그래서 지금까지 장류를 먹어도 아무런 인체에 해(害)가 일어나지 않는 것이다. 즉, 안전한다는 것이다.

우리나라는 장류 중에 위해요소인 아플라톡신, 바실러스 세레우스에 대해서는 최대기준을 정하여 위해관리를 하고 있다. 즉, 이러한 위해요소는 장류 중 일정량 이상 존재하지 못하도록 관리하고 있다. 따라서 기준 이하로 유해물질이 존재하는 장류는 장류 섭취량을 감안할 때, 장류 섭취로 인하여 인체 건강에는 영향이 있을 수 없다. 설령 약간의 유해물질 기준을 초과한 장류라도 섭취량을 감안하면 인체에 위해한 영향은 없다.

장류 중 최대기준이 정해져 있지 않는 바이오제닉아민의 경우, 장류의 섭취량을 감안하면 인체에 들어온 양(인체노출량)이 바이오제닉아민의 유해크기(독성값)보다 미미하기 때문에 인체 안전에 문제가 되지 않는 것이다.

다만, 발암물질인 아플라톡신에 대해서는 주로 된장에서만 일부 검출되는데, 인체 위해 영향은 미미한 수준이다. 발암물질인 아플라톡신은 비록 인체 총 노출량이 아플라톡신의 유해크기인 독성값을 초과하지 않는다고 할지라도 최소량의 원칙에 따라 관리할 필요가 있다.

안전하고 맛있는 전통 한식된장을 먹기 위해서는,

첫째, 한식된장은 6개월 이상 묵혀서(숙성시켜) 먹어라.

둘째, 전통 방식을 지금 현시대에 맞게 과학적으로 재현하는 제조방법의 개선이 필요하다.

셋째, 가정에서 전통 장류를 고집하고 싶다면 맛과 안전성이 확보된 씨메주 또는 시판되는 종국을 사용하여 메주를 제조하는 방식도 하나의 방법일 수 있다. 왜냐하면, 이제 가정에서 볏짚 하나에 의존해서 메주를 만들고 된장, 간장을 제조하여 먹는 시대는 지났기 때문이다.

참고문헌

1. 강길진, 식품 안전성 이해: 과학과 법리로 읽는 인체 위해성 기반, 2024, 광문각
2. 강길진, 식품위해관리개론, 2017, 광문각
3. Soo-Hwaun Kim et al., Analysis of Korean Dietary Patterns., J. Food Hyg. Saf. Vol. 34, No. 3, pp. 251~262 (2019)
4. 국민건강영양조사 자료, 질병관리청
5. 식품의 곰팡이독소 기준규격 재평가보고서(2018), 식품의약품안전처
6. 식품의 곰팡이독소 기준규격 재평가보고서(2021), 식품의약품안전처
7. FAO and WHO convened an expert meeting 보고서(2012), FAO/WHO
8. Kang CR, Kim YY, Lee JI, et al. An Outbreak of Scombroid Fish Poisoning Associated with Consumption of Yellowtail Fish in Seoul, Korea. J Korean Med Sci 2018;33: 235
9. 정성필, 스콤브로이드 생선 중독과 히스타민 식중독, 대한임상독성학회지 27권 1호(2019)
10. Science opinion on risk based control of biogenic amine formation in fermented foods, EFSA Journal 2011: 9(10): 2393
11. 바이오제닉아민 위해평가 보고서(2016), 식품의약품안전처/식품의약품안전평가원
12. 천선화, 김수지, 이상일, 정영배, 김성현, 조정은, 서혜영, 젖산균이 김치 발효 중 아플라톡신 함량 변화에 미치는 영향, 한국식품저장유통학회지 제22권 제5호 (2015)
13. 신동화, 강금성, 이지영, 정도연, 한금수, 저장 유통중 시어진 된장의 화학적 성분 연구, 식품위생안전성학회지, 25(4), 360-366(2010)
14. 박건영, 재래식 방법에 의한 된장, 간장 제조중 Aspergillus parasiticus에 의한 Aflatoxin 생성에 관한 연구, 부산대학교 연구보고서(1985)
15. 강길진, 박종훈, 조정일, Bacillus subtilis 길항미생물에 의한 된장 중 아플라톡신 제어 및 그 품질특성, 한국식품위과학회지, 154(6), 1258-1265(2000)

16. 윤경호, 메주에서 분리한 Bacillus subtilis KUFMNS Y63균주의 아플라톡신 B1 저감화 활성 연구, 고려대학교 대학원 석사논문(2018)
17. Farzaneh, M., Shi, Z.-Q., Ghassempour, A., Sedaghat, N., Ahmadzadeh, M., Mirabolfathy, M., and Javan-Nikkhah, M. (2012). Aflatoxin B1 degradation by Bacillus subtilis UTBSP1 isolated from pistachio nuts of Iran. Food control 23, 100-106.
18. El-Deeb, B., Altalhi, A., Khiralla, G., Hassan, S., and Gherbawy, Y. (2013). Isolation and characterization of endophytic Bacilli bacterium from maize grains able to detoxify aflatoxin B1. Food biotechnology 27, 199-212.
19. Rao, K.R., Vipin, A., Hariprasad, P., Appaiah, K.A., and Venkateswaran, G. (2017). Biological detoxification of Aflatoxin B1 by Bacillus licheniformis CFR1. Food Control 71, 234-241.
20. Kim, J.G., Roh, W.S., 2000. changes of aflatoxin during the ripening and storage of Koera soy sauce and soybean paste and the characteristics of the changes part 2. J. Korean Public Health Assoc. 26. 13
21. 박민정 외 6명, 식품 중 아플라톡신 오염도 조사, 한국식품위생안전성학회지, 23(2), 108(2008)
22. 김현영, 김봉신, 고희숙, 김소영, 하기정, 2021. 경남지역 전통 된장의 숙성기간에 따른 품질 특성 및 미생물군집 비교, 한국식품영양학회지, 34(1) 058~068
23. Jang SM, Lee JB, An H, Rhee CH, Park HD. 2000. Changes of microorganisms, enzyme activity and physiological functionality in the Korean soybean paste with various concentrations of Ginseng extract during fermentation. Korean J Food Preserv 7:313-320
24. 박민정 외 6명, 식품 중 아플라톡신 오염도 조사, 한국식품위생안전성학회지, 23(2), 108(2008)
25. 신동화, 강금성, 이지영, 정도연, 한금수, 저장 유통중 시어진 된장의 화학적 성분 연구, 한국식품위생안전성학회지, 25(4), 360-366(2010)

26. 한식 메주와 된장 제조 중 종국 첨가에 따른 아플라톡신 및 오크라톡신 A 저감 연구, 정아영, 중앙대학교 대학원 석사논문(2022)
27. Cho, S. M., Jeong, S. E., Lee, K. R., Sudhani, H. P., Kim, M., Hong, S. Y., & Chung, S. H. (2016). Biodegradation of ochratoxin a by Aspergillus tubingensis isolated from Meju. J. Microbiol. Biotechnol. 26(10), 1687-1695.
28. Lee, K. R., Yang, S. M., Cho, S. M., Kim, M., Hong, S. Y., & Chung, S. H.(2017). Aflatoxin B 1 detoxification by Aspergillus oryzae from meju, a traditional Korean fermented soybean starter. J. Microbiol. Biotechnol.27, 57-66.
29. Zhang, W., Xue, B., Li, M., Mu, Y., Chen, Z., Li, J., and Shan, A. (2014). Screening a strain of Aspergillus niger and optimization of fermentation conditions for degradation of aflatoxin B1. Toxins 6, 3157-3172.
30. Hackbart, H., Machado, A., Christ-Ribeiro, A., Prietto, L., and Badiale-Furlong, E. (2014). Reduction of aflatoxins by Rhizopus oryzae and Trichoderma reesei. Mycotoxin research 30, 141-149.
31. 구민선, Bacillus cereus : 식품안전의 복병, Bulletin of Food Technology, 22(3) 587-600, 2009
32. EFSA BIOHAZ Panel (EFSA Panel on Biological Hazards), 2016. Scientific opinion on the risks for public health related to the presence of Bacillus cereus and other Bacillus spp. including Bacillus thuringiensis in foodstuffs. EFSA Journal 2016;14(7):4524
33. 백승연, 길나영, 한명희, 강희윤, 이하연, 윤향식, 이정, 송영은, 이선경, 류정아, 김현영, 여수환, 김소영, 2018년 한국의 8개 권역에서 전통 방식으로 제조한 고추장의 품질특성과 외부환경과의 상관관계, 한국식품저장유통학회지 제26권 제7호 (2019)
34. 정미나, 경북대학교 농학석사학위논문(2016), 발효식품 및 다소비 가공식품의 위해미생물 오염도 분석
35. 김현영, 김봉신, 고희숙, 김소영, 하기정, 경남지역 전통 된장의 숙성기간에 따른 품질 특성 및 미생물 군집 비교, 한국식품영양학회지, 34(1), 2021

36. Martin D. Webba, Gary C. Barkera, Kaarin E. Goodburnb, Michael W. Peck, Risk presented to minimally processed chilled foods by psychrotrophic Bacillus cereus, Trends in Food Science & Technology 93 (2019) 94-105
37. Yating Wang, Yangtai Liu, Shuo Yang, Yuhang Chen, Yang Liu, Dasheng Lu, Hongmei Niu, Fanchong Ren, Anning Xu 1 and Qingli Dong, Effect of Temperature, pH, and aw on Cereulide Synthesis and Regulator Genes Transcription with Respect to Bacillus cereus Growth and Cereulide Production, Toxins 2024, 16, 32
38. Julien Masquelier, Céline Segers, Bram Jacobs, Tom Van Nieuwenhuysen, Laurence Delbrassinne and Els Van, Article Validation of a Targeted LC-MS/MS Method for Cereulide and Application in Food and Faeces, Toxins 2024, 16, 13
39. Lee KY, Kim HS, Lee HG, Han O, Chang UJ (1997) Studies on the prediction of the shelf-life of Gochujang through the physicochemical and sensory analyses during storage. J Korean Soc Food Sci Nutr, 26, 588-594
40. Cho SH, Park HS, Jo SW, Yim EJ, Yang HY, Ha GS, Kim EJ, Yang SJ, Jeong DY (2017) Comparison of microbial community profiling on traditional fermented soybean products (Deonjang, Gochujang) produced in Jeonbuk, Jeonnam, and Jeju province area. Korean J Microbiol, 53, 39-4
41. N. Browne and B.C.A. Dowds, Heat and salt stress in the food pathogen Bacillus cereus. 2001 The Society for Applied Microbiology, Journal of Applied Microbiology, 91, 1085-1094
42. 하희연, 고려대학교 이학석사학위논문(2023), 국내 전통장류에서의 바실루스 세레우스와 클로스트리디움 퍼프린젠스 탐색조사 및 유통환경 분석
43. 식약처 연구보고서, 유해물질 저감화 기반연구II(2021년)
44. AFSCA (2005). Terminology for hazard and risk analysis according to the Codex Alimentarius. PB 05 - I 01 - REV 0 - 2005 - 30.

45. AFSCA (2007). Risk assessment as a basic process for a formal opinion of the Scientific Committee(General Pragmatic Approach). DRAFT-Version 5: 19-3-07.
46. 위해성평가 공통지침서. 2019, 식품의약품안전처
www.mfds.go.kr/brd/m_210/view.do?seq=14364
47. 독성학의 이해. 2007, 국립독성연구원
48. 식품안전 위해분석. 2007, 식품의약품안전처
49. 제외국 식품안전 위해분석 지침, 2007, 식품의약품안전처
50. 알기쉬운 독성학의 이해
www.nifds.go.kr/nifds/08_part/part10_c_c.jsp?mode=view&article_no=4483&pager.offset=0&board_no=80
51. 식품 등의 독성시험법 가이드라인. 2022. 식품의약품안전처
52. 식품공전
www.foodsafetykorea.go.kr/portal/safefoodlife/food/foodRvlv/foodRvlv.do
53. 위해평가 방법 및 절차 등에 관한 규정. 2018, 식품의약품안전처
www.cnpm.re.kr/board/lib/down.php?boardid=board_data&no=54&num=1

부록

전통 장류의 품질관리 제도

	식약처	농식품부
목적	장류의 안전 확보	전통식품의 보존·육성
법적 근거	식품위생법 등	전통식품 품질인증제도 등
적용 대상	시판 중인 모든 장류	인증 신청 장류(선택적)
기준 성격	의무적 안전 기준	선택적 품질 인증 기준
주요 내용	성분 규격, 위생 기준	전통성, 원료, 관능 품질 등

I. 장류의 기준 및 규격 관리(식약처)

II. 전통 장류 표준규격 관리(농식품부, 농산물품질관리원)

I. 장류의 기준 및 규격 관리(식약처)

[식품공전상 장류의 기준 및 규격]

1) 정의

장류라 함은 동·식물성 원료에 누룩균 등을 배양하거나 메주 등을 주원료로 하여 식염 등을 섞어 발효·숙성시킨 것을 제조·가공한 것으로 한식메주, 개량메주, 한식간장, 양조간장, 산분해간장, 효소분해간장, 혼합간장, 한식된장, 된장, 고추장, 춘장, 청국장, 혼합장 등을 말한다.

2) 원료 등의 구비요건

3) 제조·가공기준

(1) 발효 또는 중화가 끝난 간장원액은 여과하여 간장박 등을 제거하여야 한다.

(2) 여과된 간장원액과 조미원료, 식품첨가물 등을 혼합한 후 곰팡이 등의 위해가 발생되지 않도록 하여야 한다.

(3) 제조공정상 알코올 성분을 제품의 맛, 향의 보조, 냄새 제거 등의 목적으로 사용할 수 있다.

(4) 고추장 제조 시 홍국색소를 사용할 수 없으며 또한 시트리닌이 검출되어서는 아니 된다.

4) 식품유형

(1) 한식메주

대두를 주원료로 하여 찌거나 삶아 성형하여 발효시킨 것을 말한다.

(2) 개량메주

대두를 주원료로 하여 원료를 찌거나 삶은 후 선별된 종균을 이용하여 발효시킨 것을 말한다.

(3) 한식간장

메주를 주원료로 하여 식염수 등을 섞어 발효·숙성시킨 후 그 여액을 가공한 것을 말한다.

(4) 양조간장

대두, 탈지대두 또는 곡류 등에 누룩균 등을 배양하여 식염수 등을 섞어 발효·숙성시킨 후 그 여액을 가공한 것을 말한다.

(5) 산분해간장

단백질을 함유한 원료를 산으로 가수분해한 후 그 여액을 가공한 것을 말한다.

(6) 효소분해간장

단백질을 함유한 원료를 효소로 가수분해한 후 그 여액을 가공한 것을 말한다.

(7) 혼합간장

한식간장 또는 양조간장에 산분해간장 또는 효소분해간장을 혼합하여 가공한 것이나 산분해간장 원액에 단백질 또는 탄수화물 원료를 가하여 발효·숙성시킨 여액을 가공한 것 또는 이의 원액에 양조간장 원액이나 산분해간장 원액 등을 혼합하여 가공한 것을 말한다.

(8) 한식된장

한식메주에 식염수를 가하여 발효한 후 여액을 분리한 것을 말한다.

(9) 된장

대두, 쌀, 보리, 밀 또는 탈지대두 등을 주원료로 하여 누룩균 등을 배양한 후 식염을 혼합하여 발효·숙성시킨 것 또는 메주를 식염수에 담가 발효하고 여액을 분리하여 가공한 것을 말한다.

(10) 고추장

두류 또는 곡류 등을 주원료로 하여 누룩균 등을 배양한 후 고춧가루(6% 이상), 식염 등을 가하여 발효·숙성하거나 숙성 후 고춧가루(6% 이상), 식염 등을 가한 것을 말한다.

(11) 춘장

대두, 쌀, 보리, 밀 또는 탈지대두 등을 주원료로 하여 누룩균 등을 배양한 후 식염, 카라멜색소 등을 가하여 발효·숙성하거나 숙성 후 식염, 카라멜색소 등을 가한 것을 말한다.

(12) 청국장

두류를 주원료로 하여 바실루스(*Bacillus*)속균으로 발효시켜 제조한 것이거나, 이를 고춧가루, 마늘 등으로 조미한 것으로 페이스트, 환, 분말 등을 말한다.

(13) 혼합장

간장, 된장, 고추장, 춘장 또는 청국장 등을 주원료로 하거나 이에 식품 또는 식품첨가물을 혼합하여 제조·가공한 것으로 조미된장, 조미고추장 또는 그 외 혼합하여 가공된 장류(장류 50% 이상이어야 한다)를 말한다.

(14) 기타 장류

식품유형 (3)~(10)에 해당하지 아니하는 간장, 된장, 고추장을 말한다.

5) 규격

(1) 총질소(w/v%) : .8 이상(간장에 한하며, 한식간장은 0.7 이상)

(2) 타르색소 : 검출되어서는 아니 된다.

(3) 대장균군 : n=5, c=1, m=0, M=10[혼합장(살균제품)에 한한다]

(4) 보존료(g/kg) : 다음에서 정하는 것 이외의 보존료가 검출되어서는 아니 된다.

소브산 소브산칼륨 소브산칼슘	1.0 이하(소브산으로서, 한식된장, 된장, 고추장, 춘장, 청국장(비건조 제품에 한함), 혼합장에 한한다)
안식향산 안식향산나트륨 안식향산칼륨 안식향산칼슘	0.6 이하(안식향산으로서, 간장에 한한다. 파라옥시안식향산에틸 또는 파라옥시안식향산메틸과 병용할 때에는 안식향산으로서 사용량과 파라옥시안식향산으로서 사용량의 합계가 0.6 이하여야 하며, 그 중 파라옥시안식향산으로서의 사용량은 0.25 이하)
파라옥시안식향산메틸 파라옥시안식향산에틸	0.25 이하(파라옥시안식향산으로서, 간장에 한한다. 안식향산, 안식향산나트륨, 안식향산칼륨 또는 안식향산칼슘과 병용할 때에는 파라옥시안식향산으로서 사용량과 안식향산으로서 사용량의 합계가 0.6 이하이어야 하며, 그중 파라옥시안식향산으로서의 사용량은 0.25 이하)

(5) 곰팡이독소

가) 총 아플라톡신(B_1, B_2, G_1 및 G_2의 합)

대상 식품	기준(μg/kg)
가공식품	15.0 이하 (단, B1은 10.0 이하이어야 한다)

나)오크라톡신 A(Ochratoxin A)

대상 식품	기준(μg/kg)
메주	20 이하

(6) 식중독균

가) 식중독균(살모넬라, 장염비브리오, 리스테리아 모노사이토제네스, 장출혈성 대장균, 캠필로박터 제주니/콜리, 여시니아 엔테로콜리티카)

대상 식품	규격
식육(제조, 가공용원료는 제외한다), 살균 또는 멸균 처리하였거나 더 이상의 가공, 가열조리를 하지 않고 그대로 섭취하는 가공식품	n=5, c=0, m=0/25g

나) 바실루스 세레우스(Bacillus cereus)

대상 식품	규격
① 가)의 대상식품 중 장류(메주 제외) 및 소스, 복합조미식품, 김치류, 젓갈류, 절임류, 조림류	g당 10,000 이하 (멸균제품은 음성이어야 한다)
② 위 ①을 제외한 가)의 대상식품	g당 1,000 이하 (멸균제품은 음성이어야 한다)

다) 클로스트리디움 퍼프린젠스(Clostridium perfringens)

대상 식품	규 격
③ 가)의 대상식품 중 장류(메주 제외), 젓갈류, 고춧가루 또는 실고추, 향신료가공품, 김치류, 절임류, 조림류, 복합조미식품, 식초, 카레분 및 카레(액상제품 제외)	n=5, c=2, m=100, M=1,000 (멸균제품은 n=5, c=0, m=0/25g)

II. 전통 장류 표준규격 관리(농식품부, 농산물품질관리원)

1. 전통식품 표준규격 관리 규정

제1장 총칙

제1조(목적) 이 규정은 「식품산업진흥법」 제22조, 제34조 및 같은 법 시행령 제28조, 제39조제3항제10호에 따라 전통식품 표준규격의 제정·개정 및 폐지 등 관리에 필요한 사항을 규정함을 목적으로 한다.

제2조(정의) 이 규정에서 사용하는 용어의 정의는 다음 각 호와 같다.
1. "표준규격화"라 함은 전통식품 품질인증 대상품목에 대하여 그 표준규격을 제정·개정 하거나 폐지하는 절차와 고시를 말한다.
2. "규격 적부(適否)확인"이라 함은 표준규격과의 맞음과 맞지 아니함을 주기적으로 확인·수정하고 개정·확인·폐지 또는 고시하는 것을 말한다.
3. "이해관계자"라 함은 생산업체·협회 등의 생산자단체, 소비자단체, 관련 행정기관·공공기관, 학계 등의 전문가 및 관련자를 말한다.

제2장 표준규격의 제정 등

제3조(표준규격의 제정) ① 국립농산물품질관리원장(이하 "농관원장"이라 한다)은 전통식품 품질인증 대상품목에 대하여 이해관계자의 요청 또는 제정 수요 등을 고려하여 표준규격을 제정할 수 있다.
② 농관원장은 전통식품 표준규격의 제정안 작성을 위하여 관련 자료조사, 생산현장 실태조사, 유통제품 수거 및 분석, 이해관계자 의견조사, 전문가협의 등을 거쳐야 한다.
③ 농관원장은 표준규격 제정의 효율적인 추진을 위해 필요하다고 판단될 경우 「식품산업진흥법 시행규칙」 제14조에 따라 한국식품연구원장에게 표준규격 제정안 작성을 의뢰할 수 있다.
④ 제2항의 세부적인 사항 및 작성서식은 [별표 1] 및 [별표 2]와 같다.

⑤ 농관원장은 식품산업진흥심의회의 심의를 거쳐 제정안을 확정·고시한다.

제4조(표준규격의 개정 및 폐지) 농관원장이 전통식품 표준규격을 개정 및 폐지할 때에는 제3조를 준용한다. 다만 필요에 따라 [별표 1]의 절차를 일부 생략할 수 있다.

제5조(표준규격의 적부확인) ① 농관원장은 제정 등을 확정·고시한 날로부터 5년마다 전통식품 표준규격의 적부확인을 실시하고 부적합한 경우에는 식품산업진흥심의회에 심의를 거쳐 표준규격을 개정 또는 폐지하고 이를 고시하여야 한다.
② 농관원장은 필요하다고 판단하는 경우 표준규격 적부확인을 한국식품연구원장에게 의뢰할 수 있다.

제6조(재검토 기한) 국립농산물품질관리원장은 이 고시에 대하여 「훈령·예규 등의 발령 및 관리에 관한 규정」에 따라 2024년 1월 1일을 기준으로 매 3년이 되는 시점(매 3년째의 12월 31일까지를 말한다)마다 그 타당성을 검토하여 개선 등의 조치를 하여야 한다.

부칙 〈제2023-14호, 2023. 12. 11.〉
이 고시는 발령한 날부터 시행한다.

2. 전통 장류의 표준규격

제1조(목적) 이 규정은 「식품산업진흥법」 제22조, 제34조 및 같은 법 시행령 제28조, 제39조제4항제10호에 따라 전통식품 표준규격을 규정함을 목적으로 한다.

제2조(전통식품 표준규격의 공개) 제1조에 따른 전통식품의 상품화 촉진과 전통식품 품질인증제도의 효율적 추진을 위하여 전통식품 표준규격(이하 "표준규격"이라 한다)의 내용(전문)과 목록을 국립농산물품질관리원(이하 "농관원"이라 한다) 누리집(www.naqs.go.kr)에 게재하여 공개한다.

제3조(표준규격의 제정·개정·폐지) 농관원장이 표준규격을 제정·개정 및 폐지할 때에는 「식품산업진흥법 시행령」 제28조 및 「전통식품 표준규격 관리 규정」에 따라 실시한다.

제4조(재검토 기한) 농관원장은 이 고시에 대하여 「훈령·예규 등의 발령 및 관리에 관한 규정」에 2024년 1월 1일 기준으로 매 3년이 되는 시점(매 3년째의 12월 31일까지를 말한다)마다 그 타당성을 검토하여 개선 등의 조치를 하여야 한다.

부칙 〈제2023-13호, 2023. 12. 11.〉
이 규정은 발령한 날부터 시행한다.

[메주의 표준규격]

1. **적용범위** 이 규격은 대두를 주원료로 하여 불림, 증자, 파쇄, 성형, 건조, 발효 등 전통적인 방법으로 제조한 메주에 대하여 규정한다.

2. **용어의 정의**

3. **원료**

(1) 국내산 대두만을 사용하여야 한다.

4. **종류**

5. **품질**

5.1 **품질기준** 메주의 품질은 **표 1**의 품질기준에 적합하여야 한다.

표 1 품질기준

항목	기준
성상	고유의 색택과 향미를 가지며 이미, 이취 및 이물이 없어야 하고, 채점기준에 따라 채점한 결과 모두 3점 이상이어야 한다.
수분(%, w/w)	20.0 이하 (단, 분쇄한 제품의 경우 10.0 이하)
조단백질(%, w/w)	35.0 이상(건조물 기준)
조지방(%, w/w)	15.0 이상
아미노산성 질소 (mg/100g)	110.0 이상

5.2 **표 1** 이외의 요구사항은 「식품위생법」에서 정하는 기준에 적합하여야 한다.

6. **시험방법**

6.1 **성상** KS Q ISO 4121(관능검사 - 정량적 반응척도 사용을 위한 지침)에 준하여 **표 2**의 채점기준에 따라 평가하되, 훈련된 패널의 크기는 10~20명으로 한다.

표 2 채점 기준

항목	채점 기준
색택	◦ 색택이 아주 양호한 것은 5점으로 한다. ◦ 색택이 양호한 것은 4점으로 한다. ◦ 색택이 보통인 것은 3점으로 한다. ◦ 색택이 나쁜 것은 2점으로 한다. ◦ 색택이 현저히 나쁜 것은 1점으로 한다.
향미	◦ 향미가 아주 양호한 것은 5점으로 한다. ◦ 향미가 양호한 것은 4점으로 한다. ◦ 향미가 보통인 것은 3점으로 한다. ◦ 향미가 나쁜 것은 2점으로 한다. ◦ 향미가 현저히 나쁜 것은 1점으로 한다.
외관	◦ 이물이 없으며, 외관이 아주 양호한 것은 5점으로 한다. ◦ 이물이 없으며, 외관이 양호한 것은 4점으로 한다. ◦ 이물이 없으며, 외관이 보통인 것은 3점으로 한다. ◦ 이물이 없으며, 외관이 나쁜 것은 2점으로 한다. ◦ 이물이 보이거나 외관이 현저히 나쁜 것은 1점으로 한다.

6.2 수분

6.2.1 시료의 채취 성형메주는 색대(triers)를 이용하여 메주의 중심을 관통하면서 대각선으로 4곳 이상 찔러서 100g 이상의 시료를 먼저 채취하고 마쇄하여 균질화한 것을 사용한다. 단, 성형메주를 마쇄한 형태의 것은 그대로 사용하거나 필요에 따라 다시 마쇄하여 사용한다.

6.2.2 수분 측정 미리 가열하여 항량으로 한 칭량병에 균질한 시료 5g 이상을 정밀히 달아 T098(전통식품 표준규격의 일반시험법), 3.1(수분)에 따라 시험한다.

6.3 조단백질 T098(전통식품 표준규격의 일반시험법), 3.3(조단백질)에 따라 시험한다.

6.4 조지방 시료 5g을 중탕기 위에서 건조한 후 막자사발에 취하여 마쇄한 후 무수 황산나트륨 30g을 가하여 혼합 탈수한 다음 원통여지에 넣고 막자사발과 막자를 에테르로 세척하여 속시렛 추출기에 옮겨 넣는다. 추출속도는 순환횟수 매분 20회로서 16시간 추출한다. 추출이 끝난 후 에테르를 회수하고 항량이 될 때까지 건조하여 조지방 함량을 구한다.

$$조지방(\%, w/w) = \frac{a - b}{c} \times 100$$

여기에서 a: 추출지방과 빈 칭량병의 무게(g)

b: 빈 칭량병의 무게(g)

c: 시료의 무게(g)

6.5 아미노산성 질소 시료 2g을 비이커에 취하여 T098(전통식품 표준규격의 일반시험법), 3.4(아미노산성 질소)에 따라 시험한다.

7. 제조·가공기준

7.1 원료 등의 구비·사용요건

(1) 대두는 병충해가 없고, 물리적 손상이 없는 품질이 양호한 것을 사용하여야 하고 유전자변형농산물을 사용하여서는 아니 된다.

(2) 원료는 적정한 구매기준을 정하여 그 기준에 적합한 것을 사용하여야 한다.

7.2 식품첨가물 식품첨가물을 사용하여서는 아니 된다.

7.3 주요 공정기준

7.3.1 전처리 석발 및 세척 등의 공정으로 흙, 돌 및 콩대 등의 이물이 충분히 제거되어야 한다.

7.3.2 불림 불린 상태가 깨끗하며 불린 시간과 온도에 대한 기준을 설정하고 관리하여야 한다.

7.3.3 증자 증자온도, 시간, 증자 상태 및 수분에 대한 기준을 설정하고 관리하여야 한다.

7.3.4 파쇄 돌 등의 이물질이 혼입되어서는 아니 되며, 파쇄 정도 등에 대한 기준을 설정하고 관리하여야 한다.

7.3.5 성형 메주의 크기 및 중량에 대한 기준을 설정하고 관리하여야 한다.

7.3.6 건조 메주의 수분함량을 일정하게 유지할 수 있도록 관리하여야 한다.

7.3.7 발효 발효균이 균일하게 증식되도록 온도 및 습도에 대한 기준을 설정하고 관리하여야 하며, 이상발효메주를 선별하여 제거하여야 한다.

7.3.8 분쇄 분쇄 정도에 대한 기준을 설정하고 관리하여야 한다.

7.3.9 포장 제품은 이물질이 혼입되지 않도록 포장하여야 한다.

7.3.10 기타 주요 공정은 공정의 특수성 및 제조기술의 개발로 인하여 공정의 수를 증감하거나 순서를 변경할 수 있으나 각 공정에 대한 사용설비, 작업방법,

작업상의 유의사항 등을 규정하고, 이에 따라 실시하여야 한다.

7.4 제조설비 제조·가공 중 설비의 불결이나 고장 등에 의한 제품의 품질변화를 방지하기 위하여 직접 식품에 접촉하는 설비의 재질은 불침투성 재질이어야 하며 항상 세척 및 점검관리를 하여야 한다. 그리고 작업장에 설치하여야 할 주요 기계, 기구 및 설비는 다음 표 3과 같다.

표 3 주요 제조설비

(1) 세척설비	(2) 침지설비	(3) 증자설비
(4) 건조설비	(5) 발효·숙성설비	(6) 포장설비

단, 제조공정상 또는 기능의 특수성에 의하여 제조설비를 증감할 수 있다.

8. 표시 T010(전통식품의 일반표시기준)에 따라 표시하여야 한다.

9. 검사 6.(시험방법)에 따라 시험하고 5.1(품질기준) 및 8.(표시)에 적합하여야 한다.

[간장의 표준규격]

1. 적용범위

이 규격은 전통적인 방법으로 성형 제조한 메주를 소금물에 침지하여 일정 기간의 발효 숙성과정을 거친 후 그 여액을 가공하여 제조된 간장에 대하여 규정한다.

2. 용어의 정의

3. 원료

(1) 원료 중 콩, 전분질원 및 식염은 국내산이어야 한다. 단, 전분질원은 전통성이 인정되는 원료만을 사용하여야 한다.

(2) 제품의 전통성을 벗어나지 않는 범위 내에서 기타 원료(기타 식물성 원료 등)를 사용할 수 있다.

(3) 기타 원료 중 특정 원료를 제품명으로 사용하는 경우에는 국내산을 사용하여야 한다.

4. 종류

5. 품질

5.1 **품질기준** 간장의 품질은 **표** 1의 품질기준에 적합하여야 한다.

표 1 품질기준

항목	기준
성상	고유의 색택과 향미를 가지며 이미, 이취 및 이물이 없어야 하고, 채점기준에 따라 채점한 결과 모두 3점 이상이어야 한다.
총질소(%, w/v)	0.8 이상
순엑스분(%, w/v)	8.0 이상

5.2 **표** 1 이외의 요구사항은 「식품위생법」에서 정하는 기준에 적합하여야 한다.

6. 시험방법

6.1 **성상** KS Q ISO 4121(관능검사 - 정량적 반응척도 사용을 위한 지침)에 준하여 표 2의 채점기준에 따라 평가하되, 훈련된 패널의 크기는 10~20명으로 한다.

표 2 채점기준

항목	채점 기준
색 택	◦ 색택이 아주 양호한 것은 5점으로 한다. ◦ 색택이 양호한 것은 4점으로 한다. ◦ 색택이 보통인 것은 3점으로 한다. ◦ 색택이 나쁜 것은 2점으로 한다. ◦ 색택이 현저히 나쁜 것은 1점으로 한다.
향 미	◦ 향미가 아주 양호한 것은 5점으로 한다. ◦ 향미가 양호한 것은 4점으로 한다. ◦ 향미가 보통인 것은 3점으로 한다. ◦ 향미가 나쁜 것은 2점으로 한다. ◦ 향미가 현저히 나쁜 것은 1점으로 한다.
외 관	◦ 이물이 없으며, 외관이 아주 양호한 것은 5점으로 한다. ◦ 이물이 없으며, 외관이 양호한 것은 4점으로 한다. ◦ 이물이 없으며, 외관이 보통인 것은 3점으로 한다. ◦ 이물이 없으며, 외관이 나쁜 것은 2점으로 한다. ◦ 이물이 보이거나 외관이 현저히 나쁜 것은 1점으로 한다.

6.2 **총질소** T098(전통식품 표준규격의 일반시험법), 3.2(총질소)에 따라 시험한다.

6.3 순엑스분

순엑스분은 다음과 같은 식에 따라 계산한다.

$$\text{순엑스분}(\%,\ w/v) = \text{총엑스분}(\%,\ w/v) - \text{식염}(\%,\ w/v)$$

6.3.1 **총엑스분** 정제해사 약 5g을 칭량병에 취하고 작은 유리막대를 넣어 100~150℃의 건조기에서 항량이 될 때까지 건조한 후 항량을 구한다(A). 여기에 시료 5ml를 가하고 물중탕에서 때로는 저으면서 증발 건조한 다음, 이를 증기중탕(97~99℃) 위에서 3~4시간 방치하고 데시케이터에서 30~60분간 방냉하여 항량을 구한다(B). 총엑스분은 다음과 같은 식에 의해 계산하다.

$$\text{총엑스분}(\%,\ w/v) = \frac{(B - A)}{5} \times 100$$

6.3.2 **식염** 균질화한 시료 약 5g을 도가니에 취하고 100℃ 건조기에서

충분히 건조한 후 T098(전통식품 표준규격의 일반시험법), 3.12(식염)에 따라 시험한다.

7. 제조·가공기준

7.1 원료 등의 구비·사용요건

(1) 콩과 전분질원은 품종 고유의 모양과 색택을 가지는 것으로 낱알이 충실하고 고르며, 병충해 피해 및 변질이 되지 아니한 것을 사용하여야 한다.

(2) 원료 중 콩, 찹쌀, 멥쌀 및 보리쌀 등의 전분질원은 유전자변형농산물을 사용하여서는 아니 된다.

(3) 원료는 적합한 구매기준을 정하여 그 기준에 적합한 것을 사용하여야 한다.

7.2 식품첨가물 식품첨가물을 사용하여서는 아니 된다.

7.3 주요 공정기준

7.3.1 전처리 석발, 세척, 침지 공정으로 흙, 돌 및 콩대 등의 이물이 제거되어야 한다.

7.3.2 불림 불린 상태가 깨끗하며 불린 시간과 온도에 대한 기준을 설정하고 관리하여야 한다.

7.3.3 증자 증자온도, 시간, 증자 상태 및 수분에 대한 기준을 설정하고 관리하여야 한다.

7.3.4 파쇄 돌 등의 이물질이 혼입되어서는 아니 된다.

7.3.5 메주 제조

7.3.5.1 성형 메주의 크기 및 중량에 대한 기준을 설정하고 관리하여야 한다.

7.3.5.2 건조 메주의 수분함량을 일정하게 유지할 수 있도록 관리하여야 한다.

7.3.5.3 메주 띄우기 발효균이 균일하게 증식되도록 온도 및 습도에 대한 기준을 설정하고 관리하며, 이상발효메주를 선별하여 제거하여야 한다.

7.3.6 장 담그기 식염수의 농도, 메주와 식염수의 비율 및 부원료 함량에 대한 기준을 설정하고 관리하여야 한다.

7.3.7 1차 숙성 햇빛이 잘 들고 통풍이 잘되는 곳에서 숙성시키며, 숙성기간 중 해충 및 이물질이 유입되지 않도록 관리하여야 한다.

7.3.8 염수분리 숙성이 완료된 후 간장을 분리하고 여과하여 불용성 물질을 제거하여야 한다.

7.3.9 **달이기** 여과된 간장을 고온에서 달이며, 이물질이 유입되지 않도록 관리하여야 한다.

7.3.10 **2차 숙성**

7.3.10.1 햇빛이 잘 들고 통풍이 잘 되는 곳에서 숙성시키며, 해충 및 이물질이 유입되지 않도록 하여야 한다.

7.3.10.2 숙성기간은 1차 숙성과 2차 숙성을 합하여 3개월 이상이어야 한다.

7.3.10.3 염도, 향미 및 바실러스 세레우스에 대한 기준을 설정하고 관리하여야 한다.

7.3.11 **포장** 완제품은 균질화한 후 충진 포장하여야 한다.

7.3.12 제품은 이물질이 혼합되지 않도록 포장하여야 한다.

7.3.13 기타 주요 공정은 공정의 특수성 및 제조기술의 개발로 인하여 공정의 수를 증감하거나 순서를 변경할 수 있으나 각 공정에 대한 사용설비, 작업방법, 작업상의 유의사항 등을 규정하고, 이에 따라 실시하여야 한다.

7.4 **제조설비** 제조·가공 중 설비의 불결이나 고장 등에 의한 제품의 품질변화를 방지하기 위하여 직접 식품에 접촉하는 설비의 재질은 불침투성의 재질이어야 하며 항상 세척 및 점검관리를 하여야 한다. 그리고 작업장에 설치하여야 할 주요 기계, 기구 및 설비는 다음 표 3과 같다.

표 3 주요 제조설비

(1) 세척설비	(2) 증자설비	(3) 혼합설비
(4) 발효숙성설비	(5) 압착설비 및 여과설비	(6) 제품저장설비

단, 제조공정상 또는 기능의 특수성에 의하여 제조설비를 증감할 수 있다.

7.5 **기타 요구사항** 숙성 시 용기는 옹기류를 사용하여야 한다.

8. 표시

8.1 **표시기준** T010(전통식품의 일반표시기준)에 따라 표시하여야 한다.

8.2 **기타 표시기준** 인증규격명을 '한식간장'으로 표시할 수 있다.

9. 검사

6.(시험방법)에 따라 시험하고 5.1(품질기준) 및 8.(표시)에 적합하여야 한다.

[된장의 표준규격]

1. 적용범위

이 규격은 전통적인 방법으로 성형 제조한 메주를 소금물에 침지한 다음 일정 기간의 숙성과정을 거쳐 그 여액을 분리하거나 그대로 가공하여 제조된 된장에 대하여 규정한다.

2. 용어의 정의

3. 원료

(1) 원료 중 콩, 전분질원 및 식염은 국내산이어야 한다. 단, 전분질원은 전통성이 인정되는 원료만을 사용하여야 한다.

(2) 제품의 전통성을 벗어나지 않는 범위 내에서 기타 원료(기타 식물성 원료 등)를 사용할 수 있다.

(3) 기타 원료 중 특정 원료를 제품명으로 사용하는 경우에는 국내산을 사용하여야 한다.

4. 종류

5. 품질

5.1 **품질기준** 된장의 품질은 **표** 1의 품질기준에 적합하여야 한다.

표 1 품질기준

항목	기준
성상	고유의 색택과 향미를 가지며 이미·이취 및 이물이 없어야 하고, 채점기준에 따라 채점한 결과 모두 3점 이상이어야 한다.
수분(%, w/w)	60.0 이하
아미노산성질소 (mg/100g)	300.0 이상

5.2 **표** 1 이외의 요구사항은 「식품위생법」에서 정하는 기준에 적합하여야 한다.

6. 시험방법

6.1 **성상** KS Q ISO 4121(관능검사 - 정량적 반응척도 사용을 위한 지침)에 준하여 **표** 2의 채점기준에 따라 평가하되, 훈련된 패널의 크기는 10~20명으로 한다.

표 2 채점기준

항목	채점 기준
색택	◦ 색택이 아주 양호한 것은 5점으로 한다. ◦ 색택이 양호한 것은 4점으로 한다. ◦ 색택이 보통인 것은 3점으로 한다. ◦ 색택이 나쁜 것은 2점으로 한다. ◦ 색택이 현저히 나쁜 것은 1점으로 한다.
향미	◦ 향미가 아주 양호한 것은 5점으로 한다. ◦ 향미가 양호한 것은 4점으로 한다. ◦ 향미가 보통인 것은 3점으로 한다. ◦ 향미가 나쁜 것은 2점으로 한다. ◦ 향미가 현저히 나쁜 것은 1점으로 한다.
외관	◦ 이물이 없으며, 외관이 아주 양호한 것은 5점으로 한다. ◦ 이물이 없으며, 외관이 양호한 것은 4점으로 한다. ◦ 이물이 없으며, 외관이 보통인 것은 3점으로 한다. ◦ 이물이 없으며, 외관이 나쁜 것은 2점으로 한다. ◦ 이물이 보이거나 외관이 현저히 나쁜 것은 1점으로 한다.

6.2 수분 정제해사(20~40메쉬)와 유리봉을 넣어 미리 가열하여 항량으로 한 칭량병에 균질화한 시료 3~5g을 정밀히 달아 잘 혼합한 다음 T098(전통식품 표준규격의 일반시험법), 3.1(수분)에 따라 시험한다.

6.3 아미노산성 질소 균질화한 시료 2g을 비커에 취하여 T098(전통식품 표준규격의 일반시험법), 3.4(아미노산성 질소)에 따라 시험한다.

7. 제조·가공기준

7.1 원료 등의 구비·사용요건

(1) 콩과 전분질원은 품종 고유의 모양과 색택을 가지는 것으로 낱알이 충실하고 고르며, 병충해 피해 및 변질이 되지 아니한 것을 사용하여야 한다.

(2) 원료 중 콩, 찹쌀, 멥쌀 및 보리쌀 등의 전분질원은 유전자변형농산물을 사용하여서는 아니 된다.

(3) 원료는 적합한 구매기준을 정하여 그 기준에 적합한 것을 사용하여야 한다.

7.2 식품첨가물 식품첨가물을 사용하여서는 아니 된다.

7.3 **주요 공정기준**

7.3.1 **전처리** 석발, 세척, 침지 공정으로 흙, 돌 및 콩대 등의 이물이 제거되어야 한다.

7.3.2 **불림** 불린 상태가 깨끗하며 불린 시간과 온도에 대한 기준을 설정하고 관리하여야 한다.

7.3.3 **증자** 증자온도, 시간, 증자 상태 및 수분에 대한 기준을 설정하고 관리하여야 한다.

7.3.4 **파쇄** 돌 등의 이물질이 혼입되어서는 아니 된다.

7.3.5 **메주 제조**

7.3.5.1 **성형** 메주의 크기 및 중량에 대한 기준을 설정하고 관리하여야 한다.

7.3.5.2 **건조** 메주의 수분함량을 일정하게 유지할 수 있도록 관리하여야 한다.

7.3.5.3 **메주 띄우기** 발효균이 균일하게 증식되도록 온도 및 습도에 대한 기준을 설정하고 관리하며, 이상발효메주를 선별하여 분리하여야 한다.

7.3.6 **장 담그기** 식염수의 농도, 메주와 식염수의 비율 및 부원료 함량에 대한 기준을 설정하고 관리하여야 한다.

7.3.7 **1차 숙성** 햇빛이 잘 들고 통풍이 잘 되는 곳에서 숙성시키며, 숙성기간 중 해충 및 이물질이 유입되지 않도록 관리하여야 한다.

7.3.8 **장 가르기** 간장, 된장 및 부원료의 비율, 이취 및 염도에 대한 기준을 설정하고 관리하여야 한다.

7.3.9 **2차 숙성**

7.3.9.1 햇빛이 잘 들고 통풍이 잘 되는 곳에서 숙성시키며, 숙성기간 중 해충 및 이물질이 유입되지 않도록 관리하여야 한다.

7.3.9.2 숙성기간은 1차 숙성과 2차 숙성을 합하여 3개월 이상이어야 한다.

7.3.9.3 염도, 향미, 바실러스 세레우스에 대한 기준을 설정하고 관리하여야 한다.

7.3.10 **포장** 완제품은 균질화한 후 포장하여야 한다.

7.3.11 가열처리한 제품은 충분히 냉각하고 가능한 신속히 포장하여야 한다. 단 가열시간과 온도에 대한 기준을 설정하고 관리하여야 한다.

7.3.12 제품은 이물질이 혼합되지 않도록 포장하여야 한다.

7.3.13 냉장 제품은 완제품 포장 후 출고 시까지 0~10℃의 온도로 보관하여야 한다.

7.3.14 기타 주요공정은 공정의 특수성 및 제조기술의 개발로 인하여 공정의 수를 증감하거나 순서를 변경할 수 있으나, 각 공정에 대한 사용설비, 작업방법, 작업상의 유의사항 등을 규정하여 이에 따라 실시하여야 한다.

7.4 제조설비 제조·가공 중 설비의 불결이나 고장 등에 의한 제품의 품질변화를 방지하기 위하여 직접 식품에 접촉하는 설비의 재질은 불침투성의 재질이어야 하며 항상 세척 및 점검관리를 하여야 한다. 그리고 작업장에 설치하여야 할 주요 기계, 기구 및 설비는 다음 표 3과 같다.

표 3 주요 제조설비

(1) 세척설비	(2) 증자설비	(3) 분쇄설비
(4) 혼합설비	(5) 숙성설비	(6) 제품저장설비

단, 제조공정상 또는 기능의 특수성에 의하여 제조설비를 증감할 수 있다.

7.5 기타 요구사항 숙성 시 용기는 옹기류를 사용하여야 한다.

8. 표시

8.1 표시기준 T010(전통식품의 일반표시기준)에 따라 표시하여야 한다.

8.2 기타 표시기준

(1) 사용한 주원료 혹은 전분질원 함량이 식품위생법 기준에 적합할 경우 해당 주원료 혹은 전분질원 명칭을 이용하여 '쌀된장', '콩된장', '보리된장' 등으로 인증규격명을 기재할 수 있다.

(2) 주원료 혹은 전분질원을 품명에 기재할 경우에는 그 함량을 주표시면 또는 정보표시면에 백분율 표시하여야 한다.

9. 검사 6.(시험방법)에 따라 시험하고 5.1(품질기준) 및 8.(표시)에 적합하여야 한다.

[고추장의 표준규격]

1. 적용범위

이 규격은 전통적인 방법으로 성형 제조한 메주를 발효원으로 하고, 숙성 전에 고춧가루, 전분질원, 메주가루, 식염 등을 혼합하여 담근 고추장에 대하여 규정한다.

2. 용어의 정의

3. 원료

(1) 원료 중 전분질원(메주가루, 찹쌀, 멥쌀, 보리쌀 등), 고춧가루 및 식염은 국내산이어야 한다. 단, 전분질원은 전통성이 인정되는 원료만을 사용하여야 한다.

(2) 제품의 전통성을 벗어나지 않는 범위 내에서 기타 원료(엿기름, 과실류, 조청 등)를 사용할 수 있다.

(3) 기타 원료 중 특정 원료를 제품명으로 사용하는 경우에는 국내산을 사용하여야 한다.

4. 종류

5. 품질

5.1 **품질기준** 고추장의 품질은 **표 1**의 품질기준에 적합하여야 한다.

표 1 품질기준

항목	기준
성상	고유의 색택과 향미를 가지며 이미, 이취 및 이물이 없어야 하고, 채점기준에 따라 채점한 결과 모두 3점 이상이어야 한다.
수분(%, w/w)	50.0 이하
아미노산성질소 (mg/100)	160.0 이상 (단, 전분질원 함유량이 15% 이상일 경우에는 100.0 이상)
캡사이신 (mg/kg, w/w)	10.0 이상

5.2 **표 1** 이외의 요구사항은 「식품위생법」에서 정하는 기준에 적합하여야 한다.

6. 시험방법

6.1 **성상** KS Q ISO 4121(관능검사 - 정량적 반응척도 사용을 위한 지침)에 준하여 **표 2**의 채점기준에 따라 평가하되, 훈련된 패널의 크기는 10~20명으로 한다.

표 2 채점기준

항목	채점 기준
색택	◦ 색택이 아주 양호한 것은 5점으로 한다. ◦ 색택이 양호한 것은 4점으로 한다. ◦ 색택이 보통인 것은 3점으로 한다. ◦ 색택이 나쁜 것은 2점으로 한다. ◦ 색택이 현저히 나쁜 것은 1점으로 한다.
향미	◦ 향미가 아주 양호한 것은 5점으로 한다. ◦ 향미가 양호한 것은 4점으로 한다. ◦ 향미가 보통인 것은 3점으로 한다. ◦ 향미가 나쁜 것은 2점으로 한다. ◦ 향미가 현저히 나쁜 것은 1점으로 한다.
외관	◦ 이물이 없으며, 외관이 아주 양호한 것은 5점으로 한다. ◦ 이물이 없으며, 외관이 양호한 것은 4점으로 한다. ◦ 이물이 없으며, 외관이 보통인 것은 3점으로 한다. ◦ 이물이 없으며, 외관이 나쁜 것은 2점으로 한다. ◦ 이물이 보이거나 외관이 현저히 나쁜 것은 1점으로 한다.

6.2 **수분** 정제해사(20~40메쉬)와 유리봉을 넣어 미리 가열하여 항량으로 한 칭량병에 균질화한 시료 3~5g을 정밀히 달아 잘 혼합한 다음 **T098**(전통식품 표준규격의 일반시험법), **3.1**(수분)에 따라 시험한다.

6.3 **아미노산성 질소** 균질화한 시료 2g을 비이커에 취하여 **T098**(전통식품 표준규격의 일반시험법), **3.4**(아미노산성 질소)에 따라 시험한다.

6.4 캡사이신

6.4.1 기체크로마토그래피(Gas chromatography, GC)

균질화한 시료 약 30~50g을 둥근플라스크에 아세톤 약 500ml를 가하여, 속슬레 장치에서 4시간 정도 추출한 후 거름종이(Whatman No.2 또는 이와 동등한 것)로 여과하여 그 거른 액을 감압 건조한다. 여기에 헥산

50ml를 가하여 용해시켜 300ml용 분액깔대기로 옮긴 후 80% 메틸알코올 50ml로 감압 건조한 수기를 세척하여 분액깔대기에 옮기는 조작을 3회 반복한 다음 분액깔대기의 마개를 막고 세게 흔들어 준 후 정치하여 헥산층과 메틸알코올층을 분리시켜서 메틸알코올층을 300ml용 삼각플라스크에 받는다. 분액깔때기에 남은 헥산층을 다시 50ml의 메틸알코올을 가하여 세게 흔들어 준 후 정치시켜 메틸알코올층을 받고, 이 조작을 한 번 더 반복하여 메틸알코올층을 전부 모은다. 메틸알코올층을 500ml용 분액깔대기에 옮겨서 포화식염수 50ml와 디클로로메탄 50ml를 가하여 세게 흔들어 준 후 정치시켜 300ml용 삼각플라스크에 디클로로메탄층을 받은 후, 이 조작을 2회 반복하여 디클로로메탄층을 전부 모은다. 여기에 소량의 무수황산나트륨을 가한 후 거름종이(Whatman No.2 또는 이와 동등한 것)로 여과하여 그 거른액을 감압 건조한다. 별도로 스쿠알렌 120mg을 디클로로메탄 100ml에 용해시킨 내부표준물질을 캡사이신 표준품(캡사이신 10mg과 디하이드로캡사이신 10mg을 바이알에 함께 취하여 조제한다.)과 감압 건조한 시료에 각각 1ml씩 가하여 잘 녹인 다음 **표 3**와 같은 조건 또는 이에 상응하는 조건으로 기체크로마토그래프를 이용하여 분석하여 캡사이신 함량을 측정한다.

표 3 기체크로마토그래프의 분석 조건

사용 칼럼	BP-1 capillary column
칼럼 오븐 온도	280℃(1분)-2.5 ℃/분-300 ℃(2분)
운반 기체(carrier gas)	질소
주입량	0.5 μL
검출기	FID
주입기 온도	320℃
검출기 온도	350℃

6.4.2 고속액체크로마토그래피(HPLC)

6.4.2.1 시약

(1) 캡사이신(capsaicin) 및 디하이드로캡사이신(dehydrocapsaicin) 표준용액

캡사이신 및 디하이드로캡사이신 10mg을 정확히 달아 95% 에탄올 10ml로 정용하여 1,000ppm의 표준원액을 만든다. 표준원액 10μL, 50μL, 100μL를 취하여 95% 에탄올 10ml로 정용하면 1ppm, 5ppm, 10ppm의 표준용액이 된다.

(2) 기타 시약

HPLC 이동상에 사용되는 물과 아세토니트릴은 HPLC급을 사용하며 기타 시약은 특별한 언급이 없으면 특급시약을 사용한다.

6.4.2.2 추출

고추장 5g을 100ml 둥근플라스크에 넣고 95% 에탄올 40ml을 가한다. 유리구슬(직경 2mm)을 (4~5)개 넣고 환류냉각관에 연결한 다음 90℃ 이상의 수조에서 5시간 이상 환류냉각하면서 캡사이신 및 디하이드로캡사이신을 추출한다. 추출이 완료되면 거름종이(Whatman No.2 또는 이와 동등한 것)로 여과하여 95% 에탄올로 50ml까지 정용한다. 이것을 0.45μm(HPLC로 분석하는 경우) 멤브레인 필터로 여과하여 분석 시료로 사용한다.

6.4.2.3 조건

(1) 고속액체크로마토그래프에 적합한 펌프, 주입기, 칼럼오븐, 자외선검출기 및 자동적분장치

(2) 칼럼

C18 (직경 5mm × 길이 150mm, 입자크기 5μm) 또는 이에 상응하는 칼럼

(3) 이동상 및 유속

이동상: 1 % 아세트산용액 : 아세토니트릴 = 3 : 2(v/v)

이동상의 유속: 분당 1.5ml

(4) 검출기

가시광선/자외선 검출기 280nm

형광검출기: 여기파장(excitation) 280nm, 방출파장(emission) 325nm

(5) 시료 주입량 20μL

6.4.2.4 검량곡선의 작성

캡사이신 및 디하이드로캡사이신 10ppm, 50ppm, 100ppm 표준용액을 각각 20μL 주입한 다음 얻어지는 피크의 면적 또는 높이를 횡축으로 하고 주입된 농도를 종축으로 하여 검량 곡선을 작성한다.

6.4.2.5 정량분석

검량곡선에서 얻어진 검량식 (1)을 이용하여 고추장 중의 캡사이신 및 디하이드로캡사이신 농도를 구한다.

$$y = ax + b \quad (1)$$

y : 추출액 중의 캡사이신 및 디하이드로캡사이신 농도(ppm)

a : 검량식에서 얻어진 기울기

x : 피크의 면적 또는 높이

b : 검량식에서 얻어진 y 절편

검량식으로부터 얻어진 추출액 중의 캡사이신 및 디하이드로캡사이신 농도로부터 시료의 채취량과 희석배수를 감안하여 고추장 중의 캡사이신 및 디하이드로캡사이신 함량을 식 (2)로부터 구한다.

고추장 100g 중의 캡사이신 및 디하이드로캡사이신 함량(mg/100g) = y × 5/s (2)

s : 시료의 채취량

6.4.3 계산

매운 성분은 캡사이신(capsaicin) 및 디하이드로캡사이신(dehydrocapsaicin) 함량을 합한 것으로 단위는 mg/kg으로 나타낸다.

7. 제조·가공기준

7.1 원료 등의 구비·사용요건

(1) 콩, 찹쌀, 멥쌀 및 보리쌀 등의 전분질원은 품종고유의 모양과 색택을 가지는 것으로 낟알이 충실하고 고르며, 병충해 피해 및 변질이 되지 않은 것을 사용하여야 한다.

(2) 콩, 찹쌀, 멥쌀 및 보리쌀 등의 전분질원은 유전자변형농산물을 사용하여서는 아니 된다.

(3) 메주가루와 고춧가루는 「전통식품 표준규격」에서 정하는 기준에 적합하거나 이와 동등한 제품을 사용하여야 한다.

(4) 원료는 적정한 구매기준을 정하여 그 기준에 적합한 것을 사용하여야 한다.

7.2 식품첨가물 식품첨가물을 사용하여서는 아니 된다.

7.3 주요공정기준

7.3.1 전처리 석발 및 세척 공정으로 흙, 돌 및 콩대 등의 이물이 제거되어야 한다.

7.3.2 **불림** 불린 상태가 깨끗하며 불린 시간과 온도에 대한 기준을 설정하고 관리하여야 한다.

7.3.3 **혼합 및 파쇄** 전분질원 및 대두의 혼합비율, 파쇄시간 및 횟수에 대한 기준을 설정하고 관리하여야 하며, 이물질이 혼입되어서는 아니 된다.

7.3.4 **증자** 증자온도, 시간, 증자 상태 및 수분에 대한 기준을 설정하고 관리하여야 한다.

7.3.5 **메주가루 제조**

7.3.5.1 **메주제조 및 발효** 온도, 습도 및 메주제조에 대한 기준을 설정하고 관리하여야 한다.

7.3.5.2 **건조 및 분쇄** 건조 온도, 수분함량 및 분쇄 상태에 대한 기준을 설정하여 관리하고, 분쇄된 메주가루는 밀봉 보관하여야 한다.

7.3.6 **엿기름액 제조** 혼합비율, 침지시간 및 온도에 대한 기준을 설정하고 관리하여야 한다.

7.3.7 **당화** 찹쌀가루와 엿기름액의 혼합비, 가열 온도 및 시간에 대한 기준을 설정하고 관리하여야 한다.

7.3.8 **배합** 당화액의 온도, 고춧가루 및 메주가루의 투입량, 교반속도에 대한 기준을 설정하고 관리하여야 한다.

7.3.9 **숙성** 자연숙성을 3개월 이상 거쳐야 하며, 수분, 식염, 성상, 아미노산성질소, 바실러스 세레우스에 대한 기준을 설정하고 관리하여야 한다. 또한, 숙성기간 중 일조 횟수 및 시간, 균질화 횟수, 이물 혼입 방지에 대한 기준을 설정하고 관리하여야 한다.

7.3.10 **포장** 완제품은 균질화한 후 포장하여야 한다.

7.3.11 가열처리한 제품은 충분히 냉각하고 가능한 신속히 포장하여야 한다. 단 가열시간과 온도에 대한 기준을 설정하고 관리하여야 한다.

7.3.12 제품은 이물질 등이 혼합되지 않도록 포장하여야 한다.

7.3.13 냉장 제품은 완제품 포장 후 출고 시까지 0~10℃의 온도로 보관하여야 한다.

7.3.14 기타 주요공정은 공정의 특수성 및 제조기술의 개발로 인하여 공정의 수를 증감하거나 순서를 변경할 수 있으나, 각 공정에 대한 사용설비, 작업방법, 작업상의 유의사항 등을 규정하여 이에 따라 실시하여야 한다.

7.4 제조설비 제조·가공 중 설비의 불결이나 고장 등에 의한 제품의 품질변화를 방지하기 위하여 직접 식품에 접촉하는 설비의 재질은 불침투성의 재질이어야 하며 항상 세척 및 점검관리를 하여야 한다. 그리고 작업장에 설치하여야 할 주요 기계, 기구 및 설비는 다음 표 4과 같다.

표 4 주요 제조설비

(1) 세척설비	(2) 증자설비	(3) 분쇄설비
(4) 혼합설비	(5) 숙성설비	(6) 제품저장설비

단, 제조공정상 또는 기능의 특수성에 의하여 제조설비를 증감할 수 있다.

7.5 기타 요구사항 숙성 시 용기는 옹기류를 사용하여야 한다.

8. 표시

8.1 표시기준 T010(전통식품의 일반표시기준)에 따라 표시하여야 한다.

8.2 기타 표시기준

(1) 찹쌀, 멥쌀 및 보리쌀의 함유량이 15% 이상일 경우에는 각각 '찹쌀고추장', '(멥)쌀고추장', '보리(쌀)고추장'으로 인증규격명을 기재할 수 있다.

(2) 원료 중 고춧가루, 찹쌀 및 쌀의 경우에는 그 함량을 주표시면 또는 정보표시면에 백분율로 표시하여야 한다.

9. 검사 6.(시험방법)에 따라 시험하고 5.1(품질기준) 및 8.(표시)에 적합하여야 한다.

[청국장의 표준규격]

1. 적용범위

이 규격은 국내산 대두를 주원료로 하여 전통적인 방법으로 발효 등의 과정을 거쳐 제조한 청국장에 대하여 규정한다.

2. 용어의 정의

3. 원료

(1) 원료 중 콩 및 식염은 국내산이어야 한다.

(2) 제품의 전통성을 벗어나지 않는 범위 내에서 기타 원료(식물성 원료)를 사용할 수 있다.

(3) 기타 원료 중 특정 원료를 제품명으로 사용하는 경우에는 국내산을 사용하여야 한다.

4. 종류

5. 품질

5.1 **품질기준** 청국장의 품질은 **표** 1의 품질기준에 적합하여야 한다.

표 1 품질기준

항목	기준
성상	고유의 색택과 향미를 가지며 이미, 이취 및 이물이 없어야 하고, 채점기준에 따라 채점한 결과, 모두 3점 이상이어야 한다.
수분(%, w/w)	55.0 이하
조단백질(%, w/w)	12.5 이상
조지방(%, w/w)	4.0 이상
아미노산성질소 (mg/100g)	270.0 이상

5.2 **표** 1 이외의 요구사항은 「식품위생법」에서 정하는 기준에 적합하여야 한다.

6. 시험방법

6.1 **성상** KS Q ISO 4121(관능검사 - 정량적 반응척도 사용을 위한 지침)에 준하여 **표** 2의 채점기준에 따라 평가하되, 훈련된 패널의 크기는 10~20명으로 한다.

표 2 채점 기준

항목	채점 기준
색택	◦색택이 아주 양호한 것은 5점으로 한다. ◦색택이 양호한 것은 4점으로 한다. ◦색택이 보통인 것은 3점으로 한다. ◦색택이 나쁜 것은 2점으로 한다. ◦색택이 현저히 나쁜 것은 1점으로 한다.
향미	◦향미가 아주 양호한 것은 5점으로 한다. ◦향미가 양호한 것은 4점으로 한다. ◦향미가 보통인 것은 3점으로 한다. ◦향미가 나쁜 것은 2점으로 한다. ◦향미가 현저히 나쁜 것은 1점으로 한다.
외관	◦이물이 없으며, 외관이 아주 양호한 것은 5점으로 한다. ◦이물이 없으며, 외관이 양호한 것은 4점으로 한다. ◦이물이 없으며, 외관이 보통인 것은 3점으로 한다. ◦이물이 없으며, 외관이 나쁜 것은 2점으로 한다. ◦이물이 보이거나 외관이 현저히 나쁜 것은 1점으로 한다.

6.2 수분 미리 가열하여 항량으로 한 칭량병에 균질한 시료 3~5g을 정밀히 달아 **T098**(전통식품 표준규격의 일반시험법), **3.1**(수분)에 따라 시험한다.

6.3 조단백질 T098(전통식품 표준규격의 일반시험법), **3.3**(조단백질)에 따라 시험한다.

6.4 조지방 시료 5g을 증기 중탕기 위에서 건조한 후 막자사발에 취하여 마쇄한 후 무수 황산나트륨 30g을 가하여 혼합 탈수한 다음 원통여지에 넣고 막자사발과 막자를 에테르로 세척하여 속시렛 추출기에 옮겨 넣는다. 추출속도는 순환횟수 매분 20회로서 16시간 추출한다. 추출이 끝난 후 에테르를 회수하고 항량이 될 때까지 건조하여 조지방 함량을 구한다.

$$\text{조지방}(\%, w/w) = \frac{W_1 - W_0}{S} \times 100$$

여기에서 W_0: 빈 칭량병의 무게(g)

W_1 : 추출지방과 빈 칭량병의 무게(g)

S : 시료의 무게(g)

6.5 아미노산성 질소 시료 2g을 비이커에 취하여 T098(전통식품 표준규격의 일반시험법), 3.4(아미노산성 질소)에 따라 시험한다.

7. 제조·가공기준

7.1 원료 등의 구비·사용요건

(1) 콩은 품종 고유의 모양과 색택을 가지는 것으로 낱알이 충실하고 고르며 병충해 피해 및 변질되지 않은 것을 사용하여야 하며, 유전자변형농산물을 사용하여서는 아니 된다.

(2) 원료는 적정한 구매기준을 정하여 그 기준에 적합한 것을 사용하여야 한다.

7.2 식품첨가물 식품첨가물을 사용하여서는 아니 된다.

7.3 주요 공정기준

7.3.1 전처리 석발, 세척, 침지 공정으로 흙, 돌 및 콩대 등의 이물이 제거되어야 한다.

7.3.2 불림 불린 상태가 깨끗하며 불린 시간과 온도에 대한 기준을 설정하고 관리하여야 한다.

7.3.3 증자 증자온도, 시간, 증자 상태 및 수분에 대한 기준을 설정하고 관리하여야 한다.

7.3.4 발효 발효균이 균일하게 증식되도록 온도 및 습도에 대한 기준을 설정하고 관리하여야 한다.

7.3.5 포장 제품은 이물질 등이 혼입되지 않도록 밀봉 포장하여야 하며, 크기 및 내용량도 균일하여야 한다.

7.3.6 기타 주요공정은 공정의 특수성 및 제조기술의 개발로 인하여 공정의 수를 증감하거나 순서를 변경할 수 있으나 각 공정에 대한 사용설비, 작업방법, 작업상의 유의사항 등을 규정하여 이에 따라 실시하여야 한다.

7.4 제조설비 제조·가공 중 설비의 불결이나 고장 등에 의한 제품의 품질변화를 방지하기 위하여 직접 식품에 접촉하는 설비의 재질은 불침투성 재질이어야 하며 항상 세척 및 점검관리를 하여야 한다. 그리고 작업장에 설치하여야 할 주요 기계, 기구 및 설비는 다음 표 3과 같다.

표 3 주요 제조설비

(1) 세척설비	(2) 침지설비	(3) 증자설비
(4) 발효·숙성설비	(5) 포장시설	(6) 제품저장설비

단, 제조공정상 또는 기능의 특수성에 의하여 제조설비를 증감할 수 있다.

8. 표시 T010(전통식품의 일반표시기준)에 따라 표시하여야 한다.

9. 검사 6.(시험방법)에 따라 시험하고 5.1(품질기준) 및 8.(표시)에 적합하여야 한다.

과학으로 입증한 전통 한식 장류의 안전성

초판 1쇄 발행 2025년 6월 16일

지은이 강길진, 정도연
펴낸이 장길수
펴낸곳 지식과감성#
출판등록 제2012-000081호

주소 서울시 금천구 벚꽃로298 대륭포스트타워6차 1212호
전화 070-4651-3730~4
팩스 070-4325-7006
이메일 ksbookup@naver.com
홈페이지 www.knsbookup.com

ISBN 979-11-392-2658-4(93590)
값 20,000원

본 출판은 (재)오뚜기함태호재단의 출판지원 사업에 의해 지원받았다.

지식과감성#
홈페이지 바로가기